Jens Christian Künster

Geschichte des Abfalls

Jens Christian Künster

Geschichte des Abfalls

Ein Vergleich zur geschichtlichen Entwicklung der Abfälle in den Gesellschaften des Globalen Nordens und Südens

Reihe Gesellschaftswissenschaften

Impressum / Imprint

Bibliografische Information der Deutschen Nationalbibliothek: Die Deutsche Nationalbibliothek verzeichnet diese Publikation in der Deutschen Nationalbibliografie; detaillierte bibliografische Daten sind im Internet über http://dnb.d-nb.de abrufbar.
Alle in diesem Buch genannten Marken und Produktnamen unterliegen warenzeichen-, marken- oder patentrechtlichem Schutz bzw. sind Warenzeichen oder eingetragene Warenzeichen der jeweiligen Inhaber. Die Wiedergabe von Marken, Produktnamen, Gebrauchsnamen, Handelsnamen, Warenbezeichnungen u.s.w. in diesem Werk berechtigt auch ohne besondere Kennzeichnung nicht zu der Annahme, dass solche Namen im Sinne der Warenzeichen- und Markenschutzgesetzgebung als frei zu betrachten wären und daher von jedermann benutzt werden dürften.

Bibliographic information published by the Deutsche Nationalbibliothek: The Deutsche Nationalbibliothek lists this publication in the Deutsche Nationalbibliografie; detailed bibliographic data are available in the Internet at http://dnb.d-nb.de.
Any brand names and product names mentioned in this book are subject to trademark, brand or patent protection and are trademarks or registered trademarks of their respective holders. The use of brand names, product names, common names, trade names, product descriptions etc. even without a particular marking in this work is in no way to be construed to mean that such names may be regarded as unrestricted in respect of trademark and brand protection legislation and could thus be used by anyone.

Coverbild / Cover image: www.ingimage.com

Verlag / Publisher:
AV Akademikerverlag
ist ein Imprint der / is a trademark of
OmniScriptum GmbH & Co. KG
Heinrich-Böcking-Str. 6-8, 66121 Saarbrücken, Deutschland / Germany
Email: info@akademikerverlag.de

Herstellung: siehe letzte Seite /
Printed at: see last page
ISBN: 978-3-639-79057-3

Copyright © 2015 OmniScriptum GmbH & Co. KG
Alle Rechte vorbehalten. / All rights reserved. Saarbrücken 2015

Danksagung:

Für den allzeit bereichernden, fachlichen Austausch und die kontinuierliche Unterstützung gilt mein besonderer Dank Frau Prof. Dr. Beate Lohnert, Inhaberin des Lehrstuhls für geographische Entwicklungsforschung der Universität Bayreuth.

„Human society sustains itself by transforming nature into garbage.“

Mason Cooley

INHALTSVERZEICHNIS

Abbildungsverzeichnis

Tabellenverzeichnis

Abkürzungsverzeichnis

BAT	Beste verfügbare Technik(en) (engl. *best available techniques*)
BRD	Bundesrepublik Deutschland
bspw.	beispielsweise
ca.	circa
ebd.	ebenda
EEA	Europäische Umweltagentur (engl. *European Environment Agency*)
engl.	englisch
etc.	et cetera
EU	Europäische Union
FZ	Finanzielle Zusammenarbeit
i.d.R.	in der Regel
i.S.	im Sinne
Kap.	Kapitel
LdS	Länder des globalen Südens
m.E.	meines Erachtens
MVA	Müllverbrennungsanlage
o.a.	oben angesprochen(e/n/es)
OECD	Organisation für wirtschaftliche Zusammenarbeit und Entwicklung
S.	Seite
SSA	Subsahara Afrika
TZ	Technische Zusammenarbeit
u.a.	unter anderem
UN	Vereinte Nationen (engl. *United Nations*)
UNCTAD	United Nations Conference on Trade and Development
UNEP	United Nations Environment Programme
USA	Vereinigte Staaten von Amerika (engl. *United States of America*)
v.a.	vor allem
v.Chr	vor Christus
vgl.	vergleiche
WEEE	*Waste of Electrical and Electronic Equipment*
z.B.	zum Beispiel
zit.	zitiert (in/nach)
z.Z.	zur Zeit

1. Abfall, was ist das?

Das hier vorliegende Werk hat zum Ziel, dem Leser eine kompakte Einführung zum Thema Abfall in der Menschheitsgeschichte zu geben. Dem Leser wird hier aufgezeigt, welche Veränderungen in der Entwicklung menschlicher Gesellschaften, sich in welcher Art und Weise auf die in ihnen entstehenden Abfälle auswirkten und welche Herausforderungen damit in Verbindung stehen.
Dabei werden explizit die heutigen Länder des globalen Nordens und die des globalen Südens unterschieden, da die beschriebenen aktuellen und spezifischen Herausforderungen, sowie die daran anknüpfenden Lösungsansätze eine gesonderte Betrachtung sinnvoll erscheinen lassen.

Um die Frage im Titel dieses Kapitels zu klären, wird direkt anschließend in Kapitel 1.1 geklärt, wie sich Abfall definieren lässt und welche Aspekte in diesem Themenfeld besonders beachtet werden sollten.

1.1 Definition, Abgrenzung und die verschiedenen Abfallarten

„One's trash is another man's treasure."
(LETCHER und VALERA, 2011: 3)

In diesem Zitat ist nicht eine Definition an sich von Abfall zu sehen, es soll jedoch auf einen entscheidenden Umstand in Bezug auf den Umgang von Akteuren mit (vermeintlichem) Abfall aufmerksam machen. So ist Abfall zunächst nicht definierbar aufgrund gewisser, materieller Eigenschaften dessen, sondern die Deklaration bestimmter Materialien als „Abfall" ergibt sich aus dem Zusammenhang, dass einem bestimmten Gegenstand seitens eines Akteurs nicht länger ein Wert zugesprochen wird. Somit impliziert die Bezeichnung eines Stoffes als „Abfall" immer eine Handlungsabsicht seitens des aktuellen „Besitzers" dieses jeweiligen Gegenstandes, sich

1

dessen – auf welche Art auch immer – zu entledigen (vgl. dazu ANSCHÜTZ UND VAN DER KLUNDERT, 2001: 9). Aus sozialem Handeln von Akteuren ergibt sich also der Umstand, dass ein und derselbe Gegenstand zum gleichen Zeitpunkt das Prädikat Abfall haben kann, sowie als wertvolle Ressource verstanden wird. In diesem Umstand liegt bereits der Grundgedanke und Ausgangspunkt der in den meisten industrialisierten Ländern angestrebten Kreislaufwirtschaft. Wenn einem bestimmten Produkt in seinem gesamten Lebenszyklus, trotz etwaiger (stofflicher) Transformationen, stets eine verwertbare Eigenschaft zugesprochen wird, so mag es im Zeitverlauf zwar von einem Akteur als Abfallprodukt angesehen werden, von einem anderen Akteur jedoch als verwertbares Material. Wenn dieser Ablauf in der Praxis tatsächlich stattfindet, ergibt sich eine Situation, in der ein kontinuierlicher Kreislauf von Materialien entsteht. Dies hat elementare Auswirkungen auf die Art und Weise, wie wir Menschen unseren Ressourcenverbrauch gestalten und somit letztlich für eine Entstehung von dauerhaften Abfällen sorgen, oder nicht. Mit dauerhaft ist auf o.a. aufbauend gemeint, dass die Zuschreibung eines Abfall-Zustands im Idealfall nur temporär gegeben ist. In der Praxis jedoch ergibt sich oft die Situation, dass bestimmte Abfälle von allen Akteuren als solche angesehen werden. Wenn sich also keine Verwertungsmöglichkeit ergibt, dann bleibt lediglich die Entledigungs-Absicht zurück, welche in diesem Fall dauerhaft Bestand hat. Bezogen auf den o.a. Lebenszyklus einer Ware bedeutet dies, dass diese im Prozess „Von der Wiege zur Bahre" nun an letzterem Punkt angelangt ist und somit in irgendeiner Form deponiert wird.

Es soll klar geworden sein, dass der allgemeine Terminus Abfall Definitionssache ist, mit der Besonderheit, dass diese kontextabhängig veränderbar ist. Nichtsdestotrotz soll hervorgehoben werden, dass jeglicher Abfall, so er denn diese Bezeichnung zu dem jeweiligen Zeitpunkt innehat, dadurch definiert wird, dass er ein woraus auch immer hervorgegangener „unbrauchbarer Überrest" ist (DUDEN.DE).

Es hat sich historisch bewährt, dass sich Bezeichnungen bestimmter, charakteristischer Abfallarten/-ströme etabliert haben. Im Falle der Bundesrepublik Deutschland werden vier Grobkategorien unterschieden:

- Siedlungs- oder Haushaltsabfälle
- Bergbauabfälle
- Gewerbeabfälle

sowie

- Bau- und Abbruchabfälle

(vgl. Bundesministerium für Umwelt, Naturschutz, Bau und Reaktorsicherheit, 2012: 4 und 11).

Diese Grobeinteilung kann an dieser Stelle als repräsentativ für die gängige Praxis in den meisten, v.a. industrialisierten, aber auch in den sich entwickelnden Ländern angesehen werden (vgl. dazu Graphik in LETCHER und VALERA, 2011: 62). Es fällt auf, dass die einzelnen Abfallkategorien sich entsprechend ihrer Herkunft aufgliedern. Es ist jedoch wichtig darauf hinzuweisen, dass mit der Herkunft jeweils assoziiert wird, dass die einzelnen Fragmente stets aus bestimmten, charakteristischen Komponenten bestehen, welche analog zu den Grobkategorien, voneinander abweichen und sich deshalb voneinander abgrenzen lassen. Die Abgrenzung der einzelnen Kategorien erfolgt weiterhin ausdrücklich deshalb, da die jeweiligen Bestandteile der einzelnen Kategorien eine individuelle Behandlung erfordern. Dabei stehen seitens des Gesetzgebers Faktoren wie Verwertbarkeit, sowie Gesundheits- und Umweltschutz im Fokus der Betrachtung. Aufbauend auf den Gesundheits- und Umweltschutzaspekten lassen sich alle Abfallarten in die zwei Kategorien gefährliche- und nicht-gefährliche Abfallarten aufteilen. Es ist dabei selbst erklärend, dass als je gefährlicher ein bestimmter Stoff klassifiziert wird, damit analog auch die Notwendigkeit steigt, diesen einer besonderen Behandlung zu unterziehen. Zu dieser Sparte gefährlicher Stoffe zählen u.a. Elektroschrott, Chemikalien und radioaktive Abfälle. Es sollte klar werden, dass solche Abfälle bei unsachgemäßem Transport, Lagerung, sowie Deponierung zu mitunter immensen Schäden für Mensch und Umwelt führen können.

3

Die erste o.g. Fraktion der Siedlungs- und Haushaltsabfälle spielt im Bewusstsein der meisten BürgerInnen die bedeutsamste Rolle, da sie die Fraktion ist, welche allen Menschen im Alltag am häufigsten begegnet. Zu dieser Kategorie zählen:

- o Restmüll
- o Andere, getrennt gesammelte Fraktionen wie Papier und Kunststoff/Leichtverpackungen, Glas, Metalle (Blech, Aluminium, etc.)
- o Gartenabfälle und Abfälle aus der Biotonne
- o Sperrmüll (u.a. auch Elektroschrott)

(vgl. Bundesministerium für Umwelt, Naturschutz, Bau und Reaktorsicherheit, 2012: 4 und 11).

Es sollte bis hierher klar geworden sein, dass eine Abgrenzung verschiedener Abfallarten sowohl aus ökologischen, gesundheitlichen, als auch ökonomischen Gründen Sinn macht. Dies sind ebenfalls die Kriterien, welche in der nationalen, wie internationalen Gesetzgebung sowohl Ausgangspunkt, als auch Zielfaktoren von gesetzgebender Einflussnahme sind.

1.2 Rechtliche Rahmenbedingungen

Nationale, wie auch internationale Gesetze und Regelungen teilen gemeinsame Anliegen. Zwar ist eine der wichtigsten Lehren des globalen Abfallmanagements, dass es für die jeweiligen lokalen Kontexte angepasste Maßnahmen zu erarbeiten gilt, um eine adäquate Handhabung von Abfällen zu gewährleisten. Trotzdem gibt es eine Reihe elementarer Punkte, die lokal, wie global relevant sind. Das *Integrated Sustainable Waste Management*-Konzept von ANSCHÜTZ ET AL. (2001, s.o.) dient bspw. international als Grundlage für viele Regierungen, darauf aufbauend eine nationale Gesetzgebung aufzubauen. Neben der Berücksichtigung aller relevanter Stakeholder (Bürger, staatliche Akteure, Privatsektor, NGOs, etc.), sowie aller relevanten, das Abfallmanagement beeinflussenden Faktoren

(Technik, Umwelt, Finanzen, Institutionen, Recht, Sozio-Kultur), werden explizit die bedeutenden Elemente innerhalb des Abfallmanagements benannt. Die grundlegenden Charakteristika haben sich dabei im Verlauf der Menschheitsgeschichte sukzessive etabliert und beziehen sich auf o.a. Gedankenmodell „von der Wiege zur Bahre": Entstehung von Abfall, Sortierung, Sammlung, Transport, Behandlung und Deponierung. Daneben führen ANSCHÜTZ ET AL. jedoch normative Komponenten an, welche mittlerweile in fast allen nationalen Gesetzesrahmen Einfluss finden. Sie sind international bekannt unter dem Kürzel „3 R's", was für *reduce, reuse, recycle* steht (VAN DER KLUNDERT 2002, zit. nach WASTE.NL, 2013).

Daraus bildet sich eine Abfallhierarchie ab, welche in repräsentativer Weise auch in der deutschen Gesetzgebung verankert ist. Das Konzept der 3 R's hat der deutsche Gesetzgeber auf eine 5-stufige Abfolge ausgebaut. Es handelt sich dabei eher um eine Zusammenführung der o.a. normativen, sowie praktischen Aspekte des Abfallmanagements, als um eine Erweiterung normativer Punkte. So wurde der Schritt „Vorbereitung zur Wiederverwertung" den 3 R's zugefügt, womit bspw. Sortierung und Transport gemeint sind. Der Punkt Recycling als Überbegriff wurde in energetische, sowie stoffliche Verwertung aufgesplittet. In Kapitel 2.1 wird die hier vorgenommene Aufsplittung und die in Bezug zu den assoziierten Auswirkungen auf die praktische Ausgestaltung des Abfallmanagements zentrale Rolle des vom Gesetzgeber eingeführten und kontrovers diskutierten Heizwertkriteriums, noch näher erläutert.

Da aus objektiver Sicht davon ausgegangen werden muss, dass auf absehbare Zeit der Idealzustand einer nicht notwendigen Deponierung von Abfällen nicht erreicht wird, ist der Punkt „Beseitigung" als letzter Schritt ebenfalls in das Konzept integriert. Dass dies zur heutigen Zeit weiterhin praxisrelevant ist und Sinn macht wird klar, wenn man bspw. an radioaktive Abfälle denkt, da es mit dem heutigen Stand der Technik nicht möglich ist, die anfallenden Abfälle wieder in den Material- und Wirtschaftskreislauf einzuführen. Somit gelingt es z.Z. nicht, diesen Stoffen ihre Abfalleigenschaft abzusprechen, indem sie erneut genutzt werden können. Da diese Grundeigenschaft radioaktiver Abfälle im Kontext des heutigen Standes der Technik also per se dem vorrangigen Ziel des Abfallmanagements, sprich der Vermeidung von (dauerhaften) Abfällen und der Etablierung einer Kreislaufwirtschaft entgegensteht, muss dies als *worst case* durch menschliche Aktivität verursachter Abfallprodukte hervorgehoben werden. Da radioaktive Abfälle weiterhin die Problematik mit sich führen auf lange Zeiträume, von mehreren tausend Jahren hin, gesundheits- und umweltschädlich zu sein, ergibt sich hier die Herausforderung, dass der zu betreibende Aufwand einer sicheren Deponierung, zunächst sehr hoch ist, um gesundheits- und Umweltschutz-Aspekten gerecht zu werden, sowie darüber hinaus zur Sicherstellung dieses Schutzes auf, aus menschlicher Perspektive lange Zeiträume, auch künftig potentiell nicht unerhebliche Anstrengungen vorgenommen werden müssen.

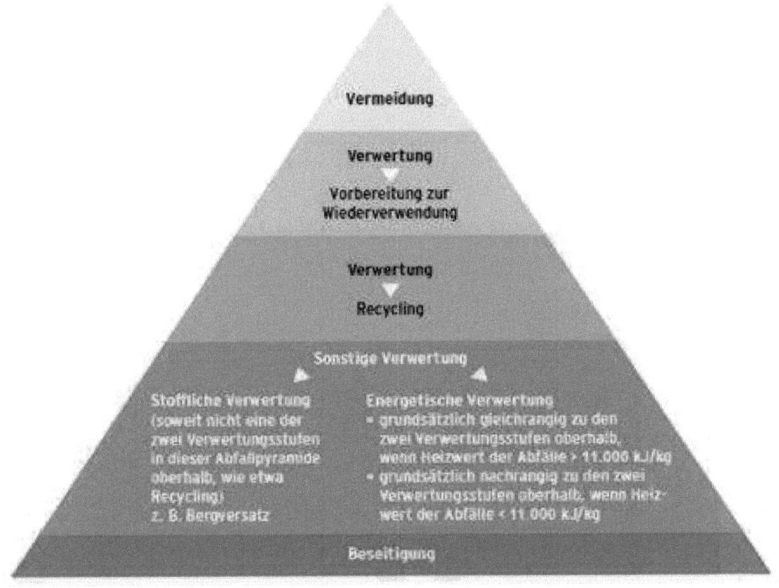

Abbildung 1 Die 5-stufige Abfallpyramide. Quelle: ART-TRIER.DE (2013)

In diesem beschriebenen Konzept spiegeln sich eine fundamental bedeutsame Erkenntnis, sowie eine politische Richtlinie wider. In Anlehnung an o.a. subjektiv bedingte Klassifizierung von Materialen als Abfälle, nach der Abfälle nur dann endgültig als solche zu bezeichnen sind, wenn niemand darin irgend einen Wert sieht, sowie dem generellen Vermerk, dass eine derart betitelte Materiale zunächst ein „unbrauchbarer Rest" (s.o.) ist, welche zur Vermeidung negativer Konsequenzen eine besondere, weitere Behandlung und assoziierte Anstrengungen und Kosten benötigt, ergibt sich, dass es ökologisch, gesundheitlich und ökonomisch Sinn macht die originär anfallenden Abfallmengen nach Möglichkeit gering zu halten. Die Grundidee des modernen Abfallmanagements besteht also darin, dass die bestmögliche Situation immer darin besteht, dass keine, oder nur geringe Abfallmengen anfallen. In den darauf folgenden Schritten, sollen größtmögliche Anstrengungen zur Verwertung der Abfälle vorgenommen werden, um diese wieder in den Wirtschafts- und Ressourcenkreislauf zurückzuführen. Letztlich ergibt sich daraus eine Situation, in der die zu deponierende Menge an Material deutlich reduziert ist. Wie o.a. wäre demnach ideal, wenn keine Beseitigung vorzunehmen wäre. Auch wenn dieses Ziel auf absehbare Zeit nicht erreicht werden kann, sollte es als Zielvorgabe jedoch bestehen bleiben, da bereits jeder kleine Schritt hin zu diesem Ziel v.a. aus ökologischer Sichtweise immer eine Verbesserung zum Status quo darstellt.

Neben der nationalen Politikausgestaltung gibt es jedoch auch Richtlinien und Vereinbarungen auf internationaler Ebene. So gilt bspw. in der Europäischen Union, dass zwar alle Staaten eine individuelle Ausgestaltung des Abfallmanagements vorzunehmen haben, das geltende EU-Recht muss jedoch stets implementiert werden. Die bedeutsamste Richtlinie ist hier die Abfallrahmenrichtlinie 2008/98/EG (BUNDESMINISTERIUM FÜR UMWELT, NATURSCHUTZ, BAU UND REAKTORSICHERHEIT, 2008), die u.a. die Abfallhierarchie, Richtlinien für die Klassifizierung und den Betrieb von Deponien und Abfallverbrennungsanlagen (MVA), Kategorien zur Einstufung gefährlicher Abfälle, sowie Regeln für den Export von Abfällen vorgibt.

Auf internationaler Ebene sind die bedeutendsten, von den Vereinten Nationen beschlossenen Konventionen, die Verträge von Basel, Rotterdam und Stockholm. Sie alle haben den Schutz von menschlicher Gesundheit, sowie Umwelt zum Ziel. Ein Fokus liegt hierbei insbesondere auf der besonderen Handhabung gefährlicher Abfälle (vgl. UNITED NATIONS ECONOMIC AND SOCIAL COUNCIL, 2009: 14). Auch in diesen internationalen Vereinbarungen wird, bspw. durch die Basel-Konvention, die Bedeutsamkeit und somit gleichbedeutend das Primat des Abfallmanagements, von Abfallvermeidung herausgestellt. Interessant ist der Hinweis, dass im Gegensatz zur EU-Gesetzgebung keine konkreten Vorgaben (Zielgrößen, Grenzwerte, etc.) festgelegt werden, sondern im Hinblick auf die LdS darauf verwiesen wird, dass das praktikabel erscheinende Zwischenziel zunächst lauten soll, die anfallenden Abfallströme, und hier insbesondere die gefährlichen Abfälle, allgemein zu minimieren. Dabei wird explizit darauf verwiesen, dass soziale, technologische und ökonomische Aspekte berücksichtigt werden müssen (UNEP 2015). Dies impliziert, dass für jeden Kontext individuell bewertet werden muss, welche Lösungen sinnvoll erscheinen. Daraus ergibt sich allgemein der Umstand, dass sich in der praktischen Ausgestaltung von Maßnahmen, Richtlinien, etc. des Abfallmanagements unterschiedliche Handhabungen ergeben. Vom Ausgangspunkt, was theoretisch technisch machbar, sprich, Kostenaspekte außenvorlassend und sich an Gesundheits- und Umweltaspekten orientierend, realisierbar ist, wird im darauf folgenden Schritt analysiert, in wie fern Abstriche aufgrund der sich lokal ausmachenden Kontexte gemacht werden müssen. Dies kann als Bemühung verstanden werden, eine möglichst realitätsnahe Ausgestaltung des Abfallmanagements zu realisieren. Diesbezüglich gibt es eine Reihe von Termini, welche die sich ergebenden Möglichkeiten und Abstufungen darlegen. Die o.a. *Best Available Techniques* (BAT) fokussieren kurzum auf den neuesten Stand der Technik, wohingegen die *Best Available Techniques Not Entailing Excessive Cost* (BATNEEC) hier als ein Beispiel für die angesprochenen realitätsnäheren, Einschränkungen hinnehmenden, Konzepte aufgeführt seien (vgl. University of Hertfordshire, 2011, zit. nach United Kingdom Department for Environment Food & Rural Affairs

2015). Es gibt deren noch weitere Konzepte, die von verschiedenen Urhebern unterschiedlich benannt werden. Aus Platzgründen wird hier kein weiterführender Exkurs gewagt, sondern auf eine exemplarische Übersicht des britischen Umweltministeriums verwiesen (United Kingdom Department for Environment Food & Rural Affairs 2015, siehe Quellenverzeichnis).

In den international bedeutsamen Werken der U.N. wird also anerkannt, dass im Rahmen des Abfallmanagements je nach lokalem Kontext zwar immer das bestmögliche zum Schutze von Mensch und Natur getan werden soll, gleichzeitig aber keine Sinnhaftigkeit in der Festlegung fixer Mindeststandards etc. besteht. Des Weiteren erkennen die Konventionen an, dass die LdS enorm von der Unterstützung industrialisierter Länder profitieren können. Ein Fokus solle deshalb auf Technischer Zusammenarbeit (TZ), sowie *Capacity-building* und Wissenstransfer liegen (vgl. UNITED NATIONS ECONOMIC AND SOCIAL COUNCIL, 2009: 14).

2. Abfall in der Menschheitsgeschichte

Abfälle entstehen nicht nur durch den Menschen, sondern in Form von Exkrementen, Skeletten, sowie aufgegebenen Nester, etc. auch durch Tiere. Der fundamentale Unterschied, auf den im Folgenden weiter eingegangen wird ist jedoch, dass im System „Natur", hier bezogen auf Flora und Fauna, exklusive des Menschen als Einflussfaktor, Stoffkreisläufe immer geschlossen sind, da stets eine Verwertung anfallender Abfallstoffe durch einen anderen „Akteur", bspw. Insekten oder Pilze, gegeben ist.

Als allgemeingültige Aussage kann hier festgehalten werden, dass analog zur zeitlich voranschreitenden menschlichen Entwicklung, die durch den Menschen verursachten Abfälle sowohl in deren Komplexität und Zusammensetzung, wie auch in absoluten Mengen sukzessive immer weiter anwuchsen.

Zwar gibt es somit seit der Zeit der ersten Menschen auch bereits das Phänomen entstehender Abfälle, es muss jedoch darauf hingewiesen werden, dass zwei Punkte in Bezug auf die heutige Bedeutsam-, sowie Notwendigkeit des Abfallmanagements zentral sind: Das weltweite

Bevölkerungswachstum, sowie die Veränderungen im Konsumverhalten. Diese beiden Aspekte werden im Folgenden an den Beispielen der Industrieländer, sowie der LdS genauer behandelt.

2.1 Abfall und die Rolle der Industrieländer

Der erste Punkt des Bevölkerungswachstums muss deshalb als problematisch verstanden werden, da naturgemäß mit steigendem Bevölkerungswachstum auch die Anzahl potentiell Müll-verursachender Individuen steigt.

Tabelle 1 Bevölkerungswachstum in der Menschheitsgeschichte, verändert nach: LETCHER UND VALLERO, 2009: 4, ergänzt um GEOHIVE.COM (2015)

Jahr	Weltbevölkerung in Mio.
3000 v.Chr.	14
1000 v.Chr.	50
1	200
1000	310
1925	2.000
1975	4.000
2000	6.000
2015	7.200

Die zu den angegebenen Werten korrespondierenden Jahreszahlen sind exemplarisch ausgewählt, veranschaulichen aber eindrücklich das immense Bevölkerungswachstum. In den vergangenen 5000 Jahren ist die Weltbevölkerung circa um das 500-fache angewachsen. Innerhalb der vergangenen 90 Jahre fand ein Wachstum um den Faktor 3,6 statt. Interessant ist, dass zwischen den ersten beiden gelisteten Jahreszahlen der Tabelle ein ähnlicher Faktor besteht, dem jedoch anstatt 90 Jahren hingegen ein Zeitraum von 2000 Jahren gegenübersteht. Das Wachstum des 18., 19. und der ersten Hälfte des 20. Jahrhunderts fand insbesondere in den industrialisierten Ländern der heutigen Welt statt. Das andauernde, heutige weltweite

Wachstum gründet sich hingegen v.a. auf das anhaltende Bevölkerungswachstum in den Ländern des Südens (LdS). Die in Tabelle 1 aufgelisteten Werte sind in Abbildung 2 graphisch visualisiert. Hier ist deutlich das immense Wachstum der jüngeren Vergangenheit, insbesondere der letzten 200 Jahre zu erkennen. In einer vergleichsweise langen Periode von über 3.500 Jahren fand ein relativ geringes Bevölkerungswachstum statt, welches sich jedoch im Laufe des 17. Jahrhunderts deutlich intensiviert und spätestens in der zweiten Hälfte des 18. Jahrhunderts, im Kontext der industriellen Revolution geradezu explodiert. Der regionale Schwerpunkt dieses sich intensivierenden globalen Bevölkerungswachstums lag dabei wie o.a. zunächst in den heutigen Industrienationen. Insbesondere jedoch in der jüngsten Vergangenheit, d.h. der letzten Jahrzehnte, gründet sich das andauernde Bevölkerungswachstum auf die demographischen Entwicklungen der Länder des globalen Südens, welche sich durch hohe Wachstumszahlen auszeichnen, wohingegen das Bevölkerungswachstum der industrialisierten Länder stagniert, oder rückläufig ist.

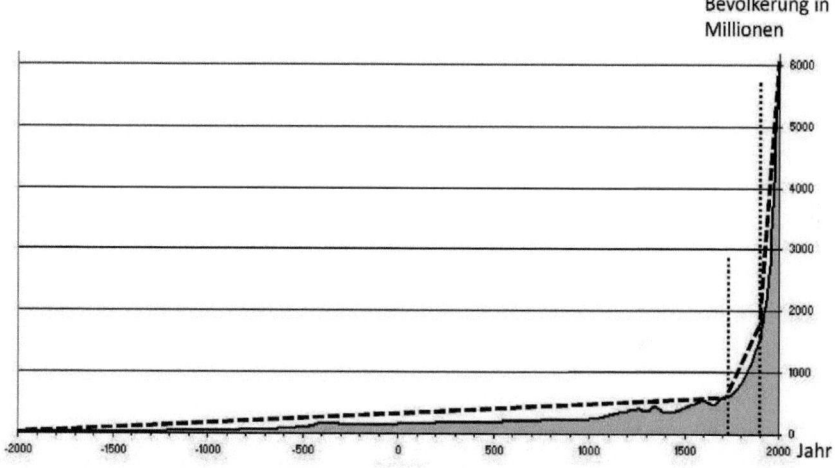

Abbildung 2 Globales Bevölkerungswachstum der vergangenen 4000 Jahre, verändert nach University of Wisconsin (2015)

Die Entstehung von Abfällen und eine damit assoziierte Notwendigkeit von Abfallmanagement gründen sich also vordergründig zunächst auf

11

das Phänomen des Bevölkerungswachstums. Wichtig ist jedoch der Hinweis, dass das Bevölkerungswachstum selbst beeinflusst, bzw. begünstigt wird durch wirtschaftliche Entwicklung und den Anstieg von Konsummitteln. Empirisch lässt sich also belegen, dass ein Bevölkerungswachstum einer Region nicht alleine steht und somit, isoliert eine größere Anzahl an Menschen größere Abfallmengen bewirken. Es ist vielmehr so, dass mit dem Bevölkerungswachstum Wirtschaftswachstum und Konsumveränderungen korrelieren und zwischen den Faktoren somit Prozesse positiver Rückkopplung bestehen. Diese Überlegungen führen letztlich zu dem Ergebnis, dass ein Bevölkerungswachstum mitsamt der korrespondierenden Prozesse empirisch zu einem exponentiellen Anwachsen von Abfällen führt. Die heutigen industrialisierten Länder dienen hier als Beispiel diese Entwicklung nachzuvollziehen. Wichtig ist ebenfalls sich vor Augen zu führen, dass eine wie oben beschriebene, anwachsende Wirtschaft sich ökologisch zweifach negativ auswirkt. Denn die hier im Fokus stehenden Abfälle sind schließlich nur eine Seite der Medaille (Abfall = Produkt am Ende des Lebenszyklus = „Bahre"). Genauso impliziert die Entwicklung nämlich, dass deutlich mehr (Primär-)Ressourcen ausgebeutet werden. Dieser Problematik kann, wie o.a. nur durch die Etablierung einer Kreislaufwirtschaft adäquat begegnet werden.

Dass eine geschlossene Kreislaufwirtschaft als ultimatives Ziel angesehen werden kann, sowie jegliche Anstrengungen und Maßnahmen in diese Richtung als positiv bewertet werden müssen, wird dadurch verdeutlicht, dass das Abfallmanagement als Indikator menschlicher Entwicklung herangezogen werden kann:

„During the course of history, human progress often has been linked to advances (or failures) to properly manage waste."
ENVIRONMENTALISTSEVERYDAY.ORG (2013).

Im Folgenden soll nun die Entwicklung des Abfallmanagements in den industrialisierten Ländern chronologisch und anhand verschiedener Beispiele und wichtiger Ereignisse beschrieben werden.

In Vor-industrieller Zeit bestanden Abfälle naturgemäß aus anderen Bestandteilen als heute. Charakteristisch waren Knochen, Asche, Holz und weitere, biologische Abfälle (ENVIRONMENTALISTSEVERYDAY.ORG, 2013). Wichtig ist die Erkenntnis, dass in der vor-industriellen Zeit allgemein sehr große Anstrengungen normal waren, die Dinge des täglichen Gebrauchs wieder zu verwerten und zu reparieren (ebd.). Als die Menschen sesshaft wurden und somit anfingen Häuser zu bauen, wurden die anfallenden Abfälle einfach im Boden der Häuser festgetreten, oder in die Ecken geschoben. Dies wird von Archäologen als *„fringe-effect"* bezeichnet (ebd.), nachdem sich erklären lässt, warum heutige Ausgrabungen von alten Bebauungsresten ältere Teile normalerweise in tieferen Schichten finden. Die Städte wuchsen praktisch auf ihrem alten Abfall Stück für Stück nach oben.

Zeitlich am weit zurück reichend sind Erkenntnisse über die Ureinwohner Nordamerikas um 6.500 v.Chr. So fanden Archäologen heraus, dass die Bewohner im Gebiet des heutigen Colorado durchschnittlich über 2,5 Kilogramm Abfall produzierten (ENVIRONMENTALCHEMISTRY.COM, 2013).

Die bis heute identifizierte, erste Müllkippe auf europäischem Boden wird auf das Jahr 3.000 v.Chr. datiert und liegt in Griechenland (ACEDISPOSAL.COM, 2013). Ungefähr 1000 Jahre später entwickelten sich in China Kompostierungspraktiken, sowie erste Ansätze des Recyclings, hier v.a. bezogen auf Bronze und andere Metalle (ebd.). Wiederum in Griechenland, verfügte die Stadt Athen im Jahre 500 v.Chr., dass zu deponierende Abfälle einen Mindestabstand zur Stadt einhalten müssen (ebd.). Dies lässt bereits Vermutungen zu, dass sich die lokalen Machthaber bereits zu dieser Zeit gewisser negativer Auswirkungen von Abfällen bewusst waren.

Um das Jahr 100 entstand eine Müllkippe in Jerusalem, in welcher sich die Praktik des Verbrennens von Abfällen etablierte. Bezeichnet wurde sie deshalb als „Hades", oder „Hölle" (ENVIRONMENTALISTSEVERYDAY.ORG, 2013).

Ca. 200 nach Christus entwickelten die Römer erste Ansätze einer Abwasserentsorgung (ebd.).

Mit dem Bevölkerungswachstum und der Entstehung von Städten ist die Notwendigkeit von ersten Anstrengungen des Abfallmanagements verbunden. Im Mittelalter etablierten sich Praktiken, nach denen Abfälle verbrannt, vergraben, oder einfach in der Nähe der jeweiligen Behausung aufgetürmt wurden. Damit einher ging in Städten jedoch die Problematik fehlender Hygiene und damit verbundenen weiteren Problematiken, wie sich ausbreitender Gestank, Rattenplagen, oder die Verbreitung von Krankheiten.

Die Bewohner der Städte entwickelten ihre ganz eigenen „Bewältigungsstrategien". So war es im Mittelalter in europäischen Städten üblich, sich sogenannte „Trippen" unter die Schuhe zu spannen (siehe Abbildung). Diese ermöglichten es dem Träger, ohne direkten Kontakt mit der Verschmutzung, durch die morastigen Straßen zu schreiten (Arbeitsgemeinschaft Abfallberatung Unterfranken, 1998).

Abbildung 3 Mittelalterliche „Trippen". Quelle: ARBEITSGEMEINSCHAFT ABFALLBERATUNG UNTERFRANKEN (1998)

Ebenfalls war es üblich, die Zwischenräume zwischen den einzelnen Stadthäusern als leicht erreichbare „Deponie" zu nutzen. Die städtische Bürgerschaft müllte somit ihre unmittelbare Umgebung zu. Das gesundheitliche Gefahrenpotential wurde dadurch verschlimmert, dass viele der Stadthäuser über mittelalterliche Toiletten verfügten, sogenannte „Aborterker" (Arbeitsgemeinschaft Abfallberatung Unterfranken, 1998). Die menschlichen Exkremente landeten wörtlich auf den Straßen oder in den Flüssen der Stadt und kontaminierten diese.

Das geschichtlich bedeutsamste Ereignis in Bezug zu aus mangelhafter Hygiene resultierender Gefahren, ist hier das Ausbrechen der Pest um das Jahr 1350. Die Pest raffte innerhalb von fünf Jahren zwischen 25 und 75 Millionen Europäer dahin (ENVIRONMENTALISTSEVERYDAY.ORG, 2013). Jedoch lernten die europäischen Gesellschaften aus diesen Erfahrungen und somit entstand ein neues Bewusstsein über die Notwendigkeit einer adäquaten Handhabung von Abfällen. So etablierten sich um diese Zeit die ersten Müllmänner im britischen Raum, die als „rakers" bezeichnet wurden (ACEDISPOSAL.COM, 2013). Ihre Aufgabe bestand darin, Abfälle aus Siedlungsgebieten wöchentlich einzusammeln und auf Handkarren abzutransportieren. Entweder wurden die Abfälle dann kompostiert, oder einfach in Gebieten außerhalb der Städte abgeladen.

Ebenso führten die dramatischen Auswirkungen der Pest zu ersten gesetzlichen Regelungen in Bezug auf Abfälle. 1388 verbot das Englische Parlament Abfälle in Kanäle oder Wasserwege zu werfen. Trotzdem wurden Abfälle in den europäischen Städten zu einem immer größer werdenden Problem. So wird berichtet, dass um das Jahr 1400 sich die Abfälle in den Straßen in und um Paris derart hoch türmten, dass feindliche Truppen dadurch die Stadtmauer stürmen konnten (ebd.).

1407 verfügte die Britische Regierung, dass Haushaltsabfälle bis zur Abholung durch die „rakers" im Haus gelagert werden mussten. Im gleichen Jahrhundert wurde in mehreren deutschen Städten veranlasst, dass Händler, die Güter in die Städte brachten, auf dem Rückweg Abfälle mitzunehmen hatten (ebd.).

In Hannover wurde 1435 eine Handkarren-Müllabfuhr als Folge eines gesteigerten Umwelt- und Gesundheitsbewusstseins etabliert (AHA-REGION.DE, 2013).

Im Jahre 1551 fand die erste belegbare Verwendung von Verpackungen statt. Ein deutscher Papierproduzent umwickelte sein hergestelltes Papier mit einer Verpackung. Dieses Ereignis ist deshalb erwähnenswert, da es den Grundstein für die immense Entwicklung der Verpackungsindustrie und dem damit korrespondierenden Anwachsen von Verpackungsabfällen, bedeutet.

1657 folgte die Stadtverwaltung der heutigen Stadt New York (damals New Amsterdam) dem oben zitierten Beispiel Englands und verbot das Abladen von Abfällen auf den Straßen (ebd.).

Bis hierher ist festzuhalten, dass Abfälle immer erst dann problematisch wurden, wenn viele Menschen sich einen begrenzten Lebensraum teilten, also insbesondere in Städten.

Weiter ist die Zeit ab 1700 für die heutigen Länder des Globalen Nordens bedeutsam, da ab diesem Zeitpunkt die Industrialisierung einsetzte. In den Industriezentren und Städten fielen aufgrund der Herstellung von Gütern und dem Zusammenleben vieler Menschen immer größer werdende Abfallströme an. Darauf reagierend entwickelten sich neue Ansätze, damit umzugehen.

Einerseits kam es zur Etablierung erster Abfallverbrennungsanlagen (MVA), sowie zu neuen Ansätzen des stofflichen Recyclings. Beispielsweise wurde die massenhaft anfallende Asche aus der Industrieproduktion, sowie von Haushalten, zur Ziegelherstellung genutzt (ACEDISPOSAL.COM, 2013). Waren die ersten Maßnahmen des Abfallmanagements aus der Dringlichkeit heraus vom Gesetzgeber initiiert, so entwickelte sich im Zeitverlauf ein lebendiger, v.a. informeller Sektor von Abfallsammlern, Händlern und Weiterverarbeitern. Durch diese Akteure wurde bspw. in London in der Zeit zwischen 1790 und 1850 für die mengenmäßig bedeutsamste Fraktion von Asche, eine Recycling Rate von nahezu 100 Prozent realisiert (WILSON, 2006 zit. nach DAVIDCWILSON.COM, 2013). Durch dieses funktionierende Marktsystem begünstigt, entwickelten sich in England in der Folge auch erste Franchise-Systeme in der sich etabliert habenden Abfallbranche, im Rahmen derer die Londoner Stadtverwaltung Lizenzen an privatwirtschaftlich organisierte Akteure zur Abfallverwertung vergab (ebd.).

Im frühen 19. Jahrhundert wurden in deutschen Städten erstmals sogenannte „Spülaborte", als Vorgänger heutiger, modernder Toiletten gebaut (AHA-REGION.DE, 2013). Hier ist interessant, dass seitens der Stadtverwaltungen nun erstmals offiziell zwischen den Bereichen Feststoffabfall und Abwasser unterschieden wurde.

Sowohl in den USA (1885), als auch in Deutschland (1895/96) wurden ebenfalls große Müllverbrennungsanlagen errichtet.

Abbildung 4 Erste deutsche MVA in Hamburg (1895). Quelle: ARBEITSGEMEINSCHAFT ABFALLBERATUNG UNTERFRANKEN (1998)

Dies geschah in den Städten v.a. deshalb, weil Platz für Deponien knapp wurde (vgl. dazu ACEDISPOSAL.COM, 2013, sowie PLANET-WISSEN.DE, 2013). Diese neue Praktik schien zunächst eine sehr gute Antwort auf die im Kontext von Bevölkerungswachstum und Industrialisierung anwachsenden Abfallmengen zu sein, da man sich dieser Abfälle nun schnell und einfach entledigen konnte. Zwar ist die Verbrennung von Abfällen in MVA im Vergleich zum Verbrennen unter freiem Himmel für Umwelt und Mensch weniger kritisch zu sehen, trotzdem zeigte sich im Zeitverlauf, dass auch die MVA, v.a. aufgrund fehlender oder nicht adäquater Filtrierungstechniken auch weiterhin zu schädlichen Emissionen führten (PLANET-WISSEN.DE, 2013). Anfang des 20. Jahrhunderts wurden so beispielsweise über 100 MVAs in den Vereinigten Staaten wegen der Emissionsbelästigung geschlossen (ACEDISPOSAL.COM, 2013). Da in den USA zu dieser Zeit der Haushaltsmüll in Klein- und Mittelstädten fast ausschließlich aus organischem Material bestand, etablierte sich hier erfolgreich ein als *„piggeries"* bekanntes System. Die organischen Abfälle wurden in Schweinefarmen verfüttert, so dass nur sehr geringe Mengen der Siedlungsabfälle verbrannt, oder deponiert werden mussten (ebd.). In den USA wurden erst in der Zeit zwischen den beiden Weltkriegen seitens politisch-administrativer Akteure Anstrengungen

17

unternommen, der immer weiter zunehmende Diversifizierung der Abfallströme (Papier, Metalle, Gummi, etc.) durch verstärktes Recycling zu begegnen. Erst nach dem 2. Weltkrieg wurden in den USA seitens des Gesetzgebers die Anforderungen an Deponien langsam erhöht, so dass in immer mehr Städten geordnete Deponien nach dem zeitgenössisch jeweils neusten technischen Standard errichtet wurden. Ebenso wurden sukzessive immer mehr und immer größere, neue Abfallautos eingeführt, um den in den Wohngebieten anfallenden, steigenden Abfallmengen Herr zu werden. Trotzdem stellte das veränderte Konsumverhalten der sich mittlerweile etablierenden „Wegwerf-"Gesellschaft die lokalen Verwaltungen vor immense Herausforderungen (ebd.). Nach 1960 wurden die Anstrengungen zur Abfalltrennung weiter erhöht. Da neue MVA aufgrund der o.a. Problematiken nun in zunehmender Entfernung von bebauten Gebieten errichtet wurden, ging mit dieser Entwicklung auch einher, dass Sortierungsanlagen und Transferstationen errichtet wurden, welche den weiteren Transport der anfallenden Abfallmengen in Stadtnähe regelten (ebd.). Diese neuen Mechanismen und Infrastrukturen sind also einerseits entstanden aus den sich ergebenden wirtschaftlichen Potentialen, wie auch den Maßnahmen des Gesetzgebers zum Schutz von Mensch und Umwelt. Wichtig ist hier zu nennen, dass der Gesetzgeber erkannte, dass die alte Praxis, Abfälle unsortiert zu deponieren im Zeitverlauf zu unkalkulierbaren Gesundheits- und Umweltrisiken führte. Dies lag insbesondere im Anstieg neuer Produkte und dem damit verbundenen Aufkommen neuer, gefährlicher Abfallarten (chemische Substanzen, Elektroschrott, usw.) begründet (vgl. PRODUCTPOLICY.ORG, 2013). Exemplarisch für alle Industrienationen lässt sich am Beispiel der USA festhalten, dass im Zeitablauf die absolut anfallenden Abfallmengen stark angestiegen sind. Dabei sind organische Abfälle anteilig stark zurückgegangen. Insbesondere Verpackungsmaterialien sind hingegen anteilig bedeutend gewachsen. Absolut hat sich deren Menge in den USA seit den 1960er Jahren verdreifacht. Obwohl auch in den USA, anknüpfend an die o.a. Konventionen der Vereinten Nationen, heutzutage Abfallvermeidung als oberstes Ziel ausgegeben wurde, werden heute mehr Abfälle deponiert und verbrannt, als noch in den 1990ern (ebd.).

Zwei Zeiträume der jüngeren Vergangenheit sind für die industrialisierten Länder nennenswert: Die Post-Kriegs-Zeit, sowie die Ära der Globalisierung (vgl. LETCHER und VALERA, 2011: 5ff.). Charakteristika der ersten Periode sind weitreichende politische, soziale und ökonomische Veränderungen in den einzelnen Ländern. Der übergeordnete Fokus aller Anstrengungen lag dabei auf dem Wiederaufbau und der Beseitigung der Kriegsschäden. Als Grundlage für Jahrzehnte später entstehende Abfallkonventionen globaler Reichweite, ist die Errichtung der *Organisation for Economic Cooperation and Development* (OECD) im Jahre 1960 zu nennen.

In die zweite Periode fällt 1972 die Gründung des *United Nations Environment Programme* (UNEP), sowie die o.a. Basel Konvention von 1989. Die Basel Konvention wurde nötig, da seit den 1960er Jahren durch die *United Nations Conference on Trade and Development* (UNCTAD) bereits eine Institution bestand, welche sich dem Welthandel widmete, es aber kein Pendant zur Sicherung der Umweltbelange gab (vgl. LETCHER und VALERA, 2011: 5ff.). Die Institutionen und Regelwerke, die heutzutage weltweite Relevanz haben wurden also von den Industrienationen entworfen und implementiert und erst im Zeitverlauf zunehmend von den LdS mitbeeinflusst.

2.2 Abfall und die Rolle der Länder des Südens

Bezüglich der Entwicklung des Abfallmanagements in den LdS gibt es im Vergleich zu den Industrienationen deutlich weniger zu vermittelnde Informationen.

Hinlänglich detaillierte Überlieferungen gibt es bezüglich der Maya-Kultur Zentralamerikas. In dieser Gesellschaft wurde ein „rücksichtsloser" Konsumismus betrieben, welcher auf die leichte Verfügbarkeit einer breiten Palette an Gütern zurückgeführt wird, die die Mayas aufgrund ihrer Politischen- und Handelsmacht erlangten

(ENVIRONMENTALCHEMISTRY.COM, 2013). Analog zu den obigen Ausführungen aus Kapitel 2.1 ist gleiches Muster auf die Maya Kultur übertragbar, nach welcher ein ausgeprägter Konsumismus zu hohen Abfallmengen führt. Die Mayas betrieben offene Müllkippen, die nach Bedarf angezündet wurden und aufgrund von Verwesungsprozessen gelegentlich explodierten (ebd.). Berichtet wird ebenfalls von rudimentären Recycling-Praktiken. Auch der oben beschriebene „Fringeeffekt" kann in der Gesellschaft der Mayakultur ausgemacht werden (ebd.). Zwar muss an dieser Stelle festgehalten werden, dass die Zusammensetzung der damaligen Abfälle in dieser vor-industriellen Gesellschaft im Vergleich zu heutigen Abfällen naturgemäß eine andere war. Trotzdem ist interessant, dass auch vor-industrielle Gesellschaften, so die Rahmenbedingungen „stimmten" zu verschwenderischem Konsumismus fähig waren. Diese Erkenntnis lässt den wichtigen Schluss zu, dass die heutige Wegwerfgesellschaft, welche v.a. in den Industrienationen vorherrscht, in zunehmendem Maße jedoch auch in den LdS Verbreitung findet, keine neue Entwicklung darstellt, sondern in anderer Form („anders" v.a. bezogen auf die stoffliche Zusammensetzung der Produkte) historisch bereits stattgefunden hat. Die Problematiken, die mit den aktuelleren Entwicklungen verbunden sind gründen sich wie o.a. im Besonderen auf die mit neuen Produkten einhergehenden Implikationen für eine adäquate Abfallbehandlung und -entsorgung. Diese ist aufgrund der Komplexität der Abfallstoffe und dem erhöhten Gefahrenpotential für Mensch und Umwelt deutlich anspruchsvoller als zu vorindustrieller Zeit.

Für Bestandsaufnahmen ist problematisch, dass in den LdS oftmals erst nach dem ersten Kontakt von Einheimischen und Europäern Maßnahmen und Praktiken des Abfallmanagements dokumentiert sind. Nur in wenigen, wie den oben beschriebenen Fällen (Indianer, Maya) können trotz großer zeitlicher Distanz im Nachhinein, bspw. durch Ausgrabungen Rückschlüsse auf die hier behandelte Thematik gezogen werden. So sind bspw. für den afrikanischen Kontinent Ausgestaltungsformen des Abfallmanagements überwiegend erst seit den letzten einhundert Jahren dokumentiert.

Im Falle Südafrikas kann hier exemplarisch für Subsahara Afrika festgehalten werden, dass sich das dortige Abfallmanagement auf dessen „Basis-Funktionen" beschränkte, welche unter dem Überbegriff der „Reinigungsfunktion" zusammengefasst werden können. Namentlich sind dies: Abfallsammlung, -lagerung, -transport, sowie –deponierung (MUZENDA ET AL., 2012: 149). Hier besteht also bereits eine deutliche Analogie zu den „traditionellen" Praktiken der oben beschriebenen Industriegesellschaften. Dies lässt sich wahrscheinlich damit begründen, dass die Kolonialherren aus den europäischen Ländern ihnen von dort vertraute und sich bereits etabliert habende Praktiken des Abfallmanagements mitbrachten. Dem Leser soll an dieser Stelle nachvollziehbar sein, dass an einer solchen Ausgestaltung des Abfallmanagements kritikwürdig ist, dass der Fokus hier auf den Bereich der Entsorgung gelegt wird und nicht auf das heute in internationalen Konventionen verankerte Primat der Abfallvermeidung.

3. Abfall als kontemporäre Herausforderung

Im hier folgenden Teil sollen dem Leser sowohl einige Daten und Fakten zur heutigen Situation des Abfallmanagements in industrialisierten Ländern, wie auch den LdS aufgezeigt werden. In diesem Abschnitt ist wichtig, auf die unterschiedlichen Rahmenbedingungen in den beiden Ländergruppen einzugehen und deren Gründe herauszustellen, um somit die sich lokal ergebenden spezifischen Problemlagen und Herausforderungen zu verstehen und dadurch letztlich auf einige erfolgversprechende Lösungsansätze verweisen zu können.

3.1 Daten und Fakten

Im nun Folgenden sollen einige Kerndaten für die beiden Ländergruppen vorgestellt werden. Teils gelingt dies per globaler Betrachtung, teils für Regionen, wie die EU, oder die USA und mitunter werden auch Daten einzelner Länder exemplarisch für bestimmte Regionen verwendet. Es wurde bereits mehrfach darauf verwiesen, dass die Abfallmengen durch die beiden Faktoren Bevölkerungswachstum, sowie veränderte Konsummuster beeinflusst werden. Hier soll dem Leser nun aufgezeigt werden, wie sich solche Trends global darstellen.

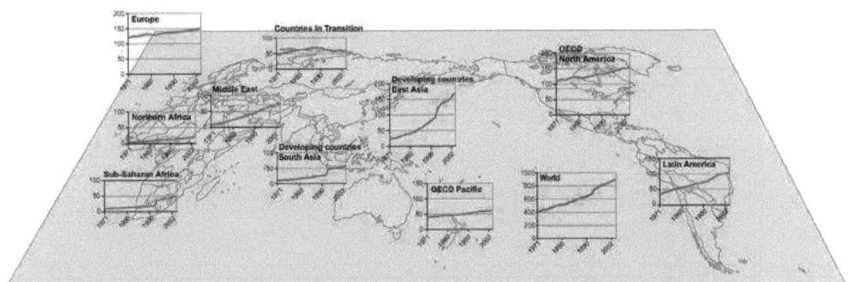

Abbildung 5 Absolutes Aufkommen von Feststoff-Abfällen pro Jahr in Milliarden Tonnen nach Regionen. 1971- 2002 Quelle: IPCC.CH (2015)

Exemplarisch wird in Abbildung 5 ein – gemessen an der Menschheitsgeschichte – relativ kleiner Zeitraum von knapp unter 30 Jahren betrachtet. Damit soll explizit auf die Dramatik verwiesen werden, die sich aus dem Zusammenspiel von absolut generierten Abfallzahlen und der dazu korrespondierenden Zeitskala ergibt.

> *„We should not lose sight of the bigger picture – in an increasingly resource-constrained world, Europe needs to dramatically reduce the amount of waste it generates in the first place."*
> Jacqueline McGlade, EEA Executive Director, zit. nach:
> EEA.EUROPA.EU (2013)

Ruft man sich das international ausgegebene Ziel der Abfallvermeidung in Erinnerung, so ist hier frappierend, dass die Mengen an Feststoffabfällen im hier exemplarisch betrachteten Zeitraum weltweit zugenommen haben. Dabei fällt auf, dass in den bereits industrialisierten Ländern trotz eines niedrigen, bis negativen Bevölkerungswachstums, sowie enormer Anstrengungen bzgl. des Abfallmanagements weiterhin positive Zuwachsraten auszumachen sind. Zwar sind sich die Industrieländer ihrer eigenen Verantwortung bewusst, trotzdem scheint die Umsetzung hin zu einer Reduktion der anfallenden Abfälle schwer realisierbar zu sein.

> *„In a relatively short time, some countries have successfully encouraged a culture of recycling, with infrastructure, incentives and public awareness campaigns. But others are still lagging behind, wasting huge volumes of resources."*
> Jacqueline McGlade, EEA Executive Director, zit. nach:
> EEA.EUROPA.EU (2013)

Zwar gibt es v.a. in der EU einige „Leuchttürme", die sowohl vorbildliche Zahlen, wie auch Entwicklungen vorweisen können. Trotzdem sind diese Länder unter dem Strich nicht in der Lage, die regionale, oder gar globale Entwicklung maßgeblich zu beeinflussen. In den LdS ist die Situation noch dramatischer, da hier ein starkes Bevölkerungswachstum auf Veränderungen im Konsummuster der jeweiligen Gesellschaften, hin zur westlichen, Wegwerfgesellschaft trifft. Besonders stark war diese Entwicklung in den 1990er Jahren, v.a. in Subsahara-Afrika, sowie Süd- und Ostasien.

Mit den zitierten westlichen Konsummustern und der damit assoziierten Wegwerfgesellschaft, ist in Bezug auf die anfallenden Abfälle festzuhalten, dass erstens immense Mengen an Verpackungsabfällen auszumachen sind.

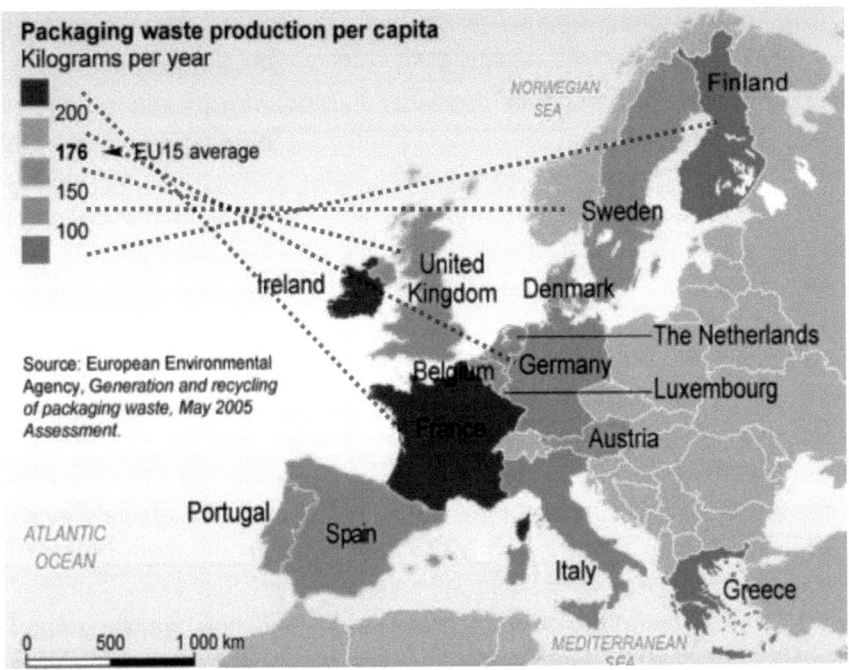

Packaging waste production per capita
Kilograms per year

■ 200
■ 176 ← EU15 average
■ 150
■ 100

Source: European Environmental
Agency, *Generation and recycling
of packaging waste*, May 2005
Assessment.

NORWEGIAN SEA
Finland
Sweden
Ireland United Kingdom Denmark
The Netherlands
Belgium Germany
Luxembourg
France Austria
Portugal Spain
ATLANTIC OCEAN
Italy
Greece
MEDITERRANEAN SEA

0   500   1 000 km

**Abbildung 6 Pro-Kopf anfallende Verpackungsabfälle in der EU
nach Ländern. Quelle: NEWSCIENTIST.COM (2013)**

Selbst Deutschland, welches oft für das hier realisierte
Abfallmanagement als Positivbeispiel gelobt wird, verfügt über sehr
hohe Werte anfallender Verpackungsabfälle. Die Vorbildrolle der
Bundesrepublik in Bezug auf ein scheinbar gut funktionierendes
Abfallmanagement gründet sich hier konkret auf das praktizierte
Zurück-führen der anfallenden Abfälle als Wertstoffe, in den Material-
und Wirtschaftskreislauf. Das bedeutet, dass für als Abfall anfallende
Materialien im ersten Schritt sehr hohe Sammelquoten erzielt werden.
Für Verpackungsabfälle geschieht dies durch das Duale System, in
welchem alle mit dem „grünen Punkt" gekennzeichnete Verpackungen
von privatwirtschaftlich organisierten Akteuren mittels der „gelben
Tonne" eingesammelt werden. Anschließend erfolgt durch hoch
technisierte Aufbereitungsprozesse, was der Gesetzgeber
„Vorbereitung zur Wiederverwendung" (s. Abb.1, S.6) nennt. Damit ist
auf den Prozess der Abfallsammlung folgend hier gemeint, dass die
einzelnen Verpackungsarten nun stofflich voneinander getrennt

werden, um z.B. Aluminium von Plastik zu trennen, sowie Plastik in dessen Untersorten aufzuspalten, etc. Da in der BRD auch für den Bereich der Abfallwirtschaft das Subsidiaritätsprinzip[1] gilt, bedeutet dies bspw., dass es lokal sehr unterschiedlich gehandhabt wird, ob die anfallenden Wertstoffe nun stofflich, oder energetisch verwertet werden. Der Gesetzgeber gibt hier lediglich vor, dass sich die jeweilige Munizipalität selbst entscheiden kann, welche der beiden Optionen favorisiert wird, falls die anfallenden zu recycelnden Stoffe einen Heizwert von mindestens 11.000 Kilojoule pro Kilogramm aufweisen (s. Abb. 1, S.6). Dies bezieht sich sowohl auf Verpackungs-, wie auch Restmüll. Dieser Umstand muss jedoch als Freifahrtschein für die Müllverbrennung kritisiert werden, da die anfallenden Wertstoffe der Siedlungsabfälle dieses Heizwertkriterium i.d.R. erfüllen. Mit dem vom Gesetzgeber als zu niedrig angesetzten Wert, wird also die im Gesetz formulierte Priorisierung von stofflicher Verwertung konterkariert. Denn durch die freie Entscheidung seitens der lokalen Verwaltungen, wird eine Entscheidung pro energetischer Verwertung, welche gemäß Gesetz nicht dem stofflichen Recycling vorzuziehen ist, nicht sanktioniert, sondern toleriert. Historisch bedingt gibt es in der BRD in vielen Städten überdimensionierte Kapazitäten an Müllverbrennungsanlagen. Aus ökonomischer Sicht, ist die in der Praxis vorzufindende Priorisierung energetischer Verwertung durchaus logisch, so doch die vorhandenen Kapazitäten lediglich genutzt werden. Die gebauten Anlagen können nur durch ausreichende Auslastung gewinnbringend betrieben werden. Dem Gesetzgeber muss jedoch aus der Perspektive des Umweltschutzes vorgeworfen werden, dass hier die ökonomischen-, im Vergleich zu den ökologischen Aspekten eine größere Wertschätzung erfahren. Zumindest gilt dies für die praktische Ausgestaltung des Abfallverwertungsprozesses. Wie angesprochen, ist das stoffliche Recycling in der Theorie dem energetischen vorzuziehen. Die im Gesetz formulierte Vorgabe wird jedoch, aufgrund der beschriebenen „Hintertür" in der Realität oft nicht umgesetzt.

---

[1] Eine vereinfachte Darstellung des subsidiarisch strukturierten, institutionellen Rahmens der staatlichen Akteure im Kontext der Abfallwirtschaft in der BRD findet sich im Anhang.

Anhand dieser Ausführungen soll ebenfalls klar werden, dass Abfall- und Kreislaufwirtschaftsgesetze, sowie die Akteure, welche diese formulieren, sich im Spannungsfeld von ökologischen und ökonomischen Interessen zu sehen sind.

In diesem Umstand ist weiterhin ein Hauptgrund dafür zu sehen, warum bei dem im Bereich der Abfallwirtschaft vermeintlichen „Vorreiter", Deutschland, das Primat der Abfall-Vermeidung auch hier nicht realisiert ist. Denn in der aktuellen Konfiguration der deutschen Abfallwirtschaft, haben große Materialströme gleichzeitig ein ebenso großes Potential ökonomischer Wertschöpfung. Aus Anreizgesichtspunkten muss hier konstatiert werden, dass insbesondere die ökonomischen Anreize im Kontext der Abfall- und Kreislaufwirtschaft dem gesetzlich formulierten, vorrangigen Ziel der Abfallhierarchie, sprich der Abfallvermeidung, welche sich an ökologischer Nachhaltigkeit orientiert, konträr entgegenstehen.

Des Weiteren steht in der für die industrialisierten Staaten typischen Wegwerfgesellschaft der Abfallvermeidung entgegen, dass, Waren nicht, oder kaum mehr repariert werden. Dieser Umstand führt per se zu erhöhten Abfallmengen. Besonders hervorzuheben ist im Kontext neuer Produkte, welche mit gefährlichen Abfällen assoziiert werden, dass dies heutzutage u.a. auch zu enormen Abfallmengen von Elektroschrott geführt hat.

Die o.a. Konsummuster spiegeln sich in allen Gesellschaften der Welt in den durch sie versursachten Abfallströmen, v.a. in den Haushalts- und Siedlungsabfällen wider.

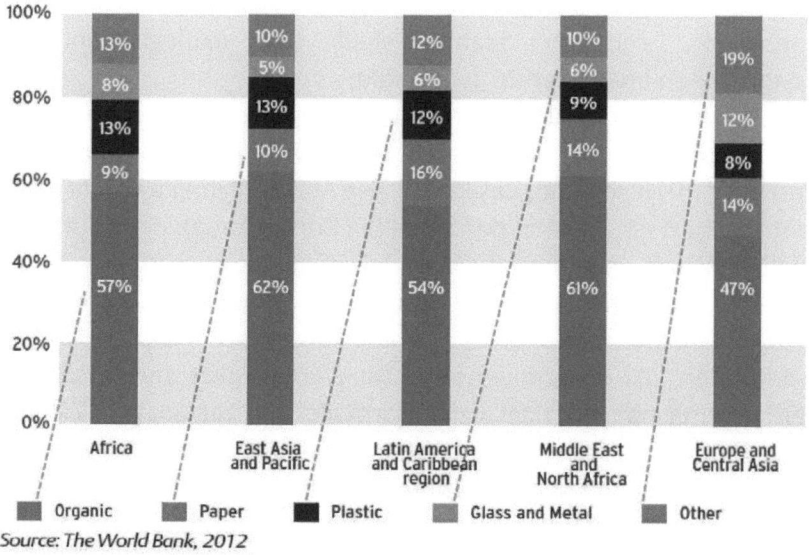

MSW composition by region, 2012*

Legend: Organic — Paper — Plastic — Glass and Metal — Other

Source: The World Bank, 2012

Abbildung 7 Zusammensetzung Haushalts- und Siedlungsabfälle nach Regionen. Quelle: PROPARCO.FR (2013)

Stellt man aus in dieser Abbildung exemplarisch einen Vergleich von Subsahara Afrika (SSA) und Europa/Zentralasien an, so fällt auf, dass in SSA zwar noch höhere Werte an organischen Abfällen auszumachen sind. Diese prozentualen Werte gleichen sich jedoch in Anlehnung an die jeweiligen Konsummustertrends immer weiter an. Es fällt weiterhin auf, dass in SSA prozentual bereits mehr Plastikabfälle anfallen, als in Europa/Zentralasien. Diese Beobachtung muss jedoch derart ergänzt werden, dass niedrige Werte Zentralasiens die höheren Werte Europas kompensieren. Ebenso gibt es v.a. innerhalb Europas deutliche Unterschiede, analog zur Wirtschaftsstärke der einzelnen Länder. Trotzdem lässt sich festhalten, dass die aktuelle Situation in SSA eine enorme Veränderung früherer Konsummuster innerhalb der letzten wenigen Jahrzehnte darstellt. Dass derartige Konsummuster, so sie auch an sich generell wenig vorbildlich sind, aus Umwelt-Gesichtspunkten nicht zwangsläufig problematisch sind, zeigt das o.g. Beispiel Deutschlands. Dies impliziert jedoch, dass wenn das Primat der Abfallhierarchie nicht realisiert werden kann, zumindest die darauf folgenden Schritte (Sammlung, energetisches und stoffliches Recycling, etc.) möglichst gut funktionieren müssen. Dass dies jedoch v.a. in SSA nicht gegeben ist, wird in folgender Abbildung deutlich.

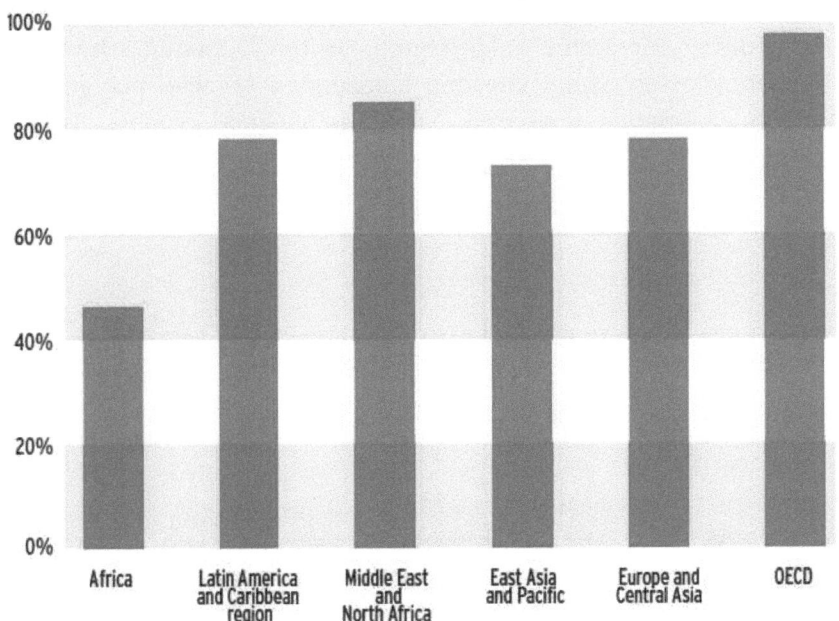

Source: The World Bank, 2012

Abbildung 8 Abfallsammlungsraten in Prozent nach Regionen. Quelle: PROPARCO.FR (2013)

Aus dem Konzept der Abfallhierarchie ist bereits klar geworden, dass die unterschiedlichen Abfallbehandlungs- und –Entsorgungspraktiken unterschiedlich starke Auswirkungen auf Mensch und Umwelt haben. Allgemein lässt sich eine Hierarchie sämtlicher Praktiken formulieren, die hier (von „favorisiert", bis „gilt-es-zu-vermeiden") aufgelistet ist:

- Stoffliches Recycling (engl. *Recycling*)
- Energetisches Recycling (engl. *Incineration*)
- Geordnete Deponierung (engl. *Sanitary Landfill*)
- „Wilde" Deponierung (engl. *Open Dumps*)
- Offenes Verbrennen (engl. *Open Burning*)

Die vorherige Abbildung gibt bereits einen Hinweis darauf, dass sich die in dieser Hierarchie aufgezeigten, besten Optionen schwerlich realisieren lassen, wenn von den anfallenden Abfällen nur geringe Mengen eingesammelt werden. Daran anschließend, ergeben sich für die einzelnen Regionen der Welt sehr divergierende Werte der einzelnen Behandlungs-und Entsorgungspraktiken.

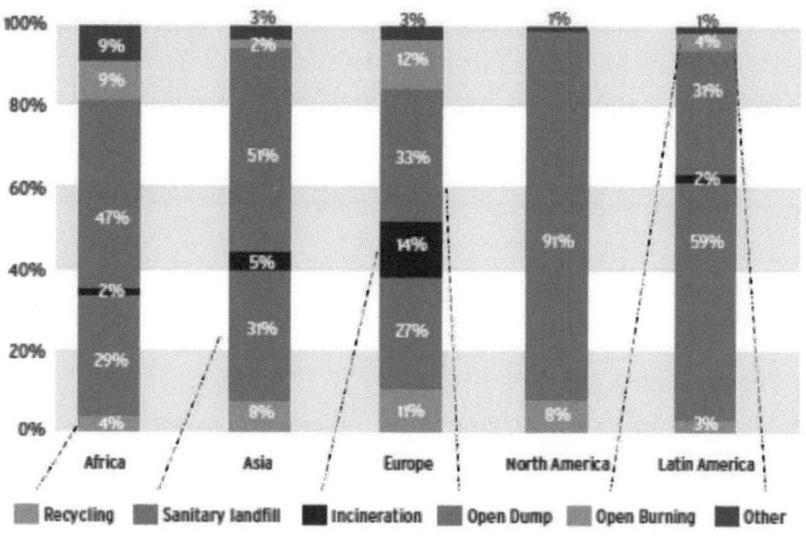

Source: The World bank, 2012

Abbildung 9 Abfallbehandlungs-und -Entsorgungspraktiken nach Regionen. Quelle: PROPARCO.FR (2013)

Zum Verständnis der Graphik muss erwähnt werden, dass die Begriffe *Recycling* und *Incineration* aus der Abbildung mit den deutschen Pendants stoffliche Verwertung und energetische Verwertung gleichbedeutend sind. Im deutschen Sprachgebrauch wird also stoffliche und energetische Verwertung im Gegensatz zum anglophonen Raum unter dem Begriff Recycling zusammengefasst. Generelle Beobachtungen in Bezug auf Abbildung 9 (s.S. 29) sind hier, dass in den LdS *open dumping*, wie auch *open burning* höhere Werte ausmachen als in den industrialisierten Ländern. Auffällig ist zudem, dass die USA und Europa, welche oft als ähnlich fortschrittliche Wirtschaftsräume angesehen werden, sehr unterschiedliche Abfallbehandlungspraktiken betreiben. So findet in den USA überwiegend eine Deponierung der anfallenden Abfälle statt, wohingegen sich die Situation im europäischen Raum deutlich diversifizierter darstellt. Positiv sind die hier vorherrschenden Anstrengungen im Bereich stofflicher und energetischer Verwertung hervorzuheben. Hingegen machen *open burning* und *open dumping* zusammen mit 45 Prozent einen immens hohen Wert aus, welcher deutlich höher ist als in wirtschaftlich weniger entwickelten Räumen, wie Lateinamerika. So lässt sich für den europäischen Raum festhalten, dass dieser extrem heterogen im Bereich Abfallmanagement aufgestellt ist. Wenn man die Recyclingrate als Gradmesser für ein fortgeschrittenes Abfallmanagement hernimmt, so lässt sich wie in unten stehender Graphik erkennbar ist, festhalten, dass die Werte der einzelnen Länder (hier bezogen auf Gesamt-Europa und nicht nur auf die politische Einheit der E.U.) von nahe Null bis über 60 Prozent schwanken.

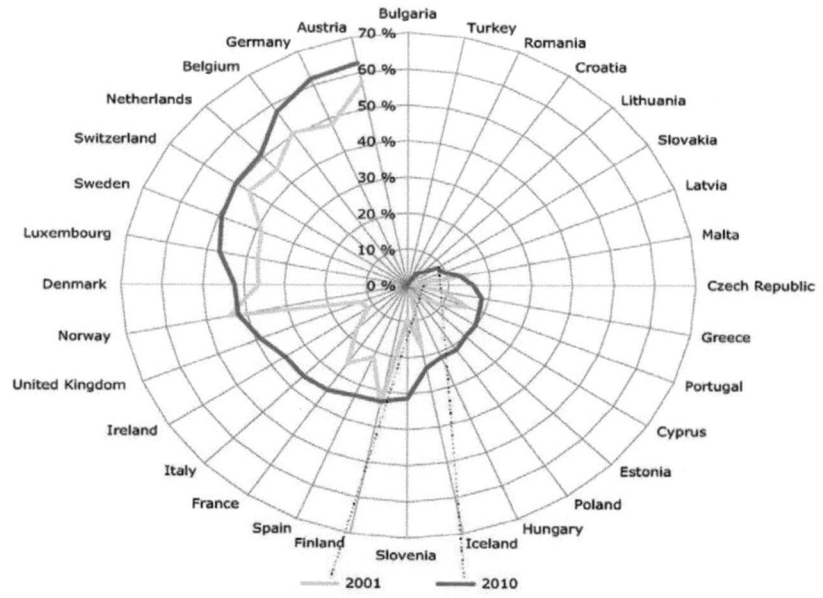

Abbildung 10 Anteil des recycelten Materials vom Gesamtaufkommen der Siedlungsabfälle. Quelle: EEA.EUROPA.EU (2013)

Aus der Graphik lässt sich die grobe Tendenz herauslesen, dass in Europa wirtschaftlich besser gestellte Staaten höhere Recyclingquoten aufweisen können als die wirtschaftlich weniger entwickelten Staaten. Wichtig ist hier jedoch ebenfalls der Hinweis, auf verbindliche rechtliche Vorgaben der EU für deren Mitgliedsstaaten.

Ruft man sich die o.a. geringen Recyclingquoten der USA in Erinnerung, muss ebenfalls festgehalten werden, dass der Grad ökonomischer Entwicklung nicht zwangsläufig mit hohen Recyclingraten korreliert.

3.2 Aktuelle Trends und künftige Herausforderungen

Im nun folgenden Teil sollen an die aufgezeigten Daten und Fakten aktuelle Trends mitsamt deren Implikationen für künftige Herausforderungen herausgestellt werden. Dabei ergibt sich bereits eine Überschneidung zu Kapitel 3.3. Daher sollen an dieser Stelle knapp globale Trends angesprochen werden, woran anschließend dann im folgenden Kapitel die spezifischen Problemlagen in den LdS hervorgehoben werden.

In der unten stehenden Abbildung 11 wird sowohl die aktuelle Situation in den Ländern der Welt dargestellt, indem die täglich pro Kopf produzierte Menge an Abfällen abgebildet wird, als auch eine Prognose angestellt, mit welchen absoluten Abfallmengen in den Großregionen im Jahr 2025 zu rechnen ist. Die höchsten Werte der aktuellen Pro-Kopf Produktion von Siedlungsabfällen lassen sich v.a. in West-und Nordeuropa, Nordamerika, sowie in Ozeanien finden.

Abbildung 11 Weltweite Produktion von Siedlungsabfällen 2012 bis 2025 Quelle: PROPARCO.FR **(2013)**

Anknüpfend an Abbildung 5 aus Kapitel 3.1 lässt sich hier erkennen, dass die dort beschriebenen früheren Wachstumsraten prinzipiell weiterhin Bestand haben. In Anbetracht der notwendigen Reduktion von Abfällen weltweit, kann aufgrund dieser Prognosen bereits jetzt konstatiert werden, dass die ausgegebenen Ziele nicht erreicht werden. Aus Sicht der industrialisierten Länder kann die sich aus der beschriebenen Problematik ergebende Prognose folgendermaßen zusammengefasst werden:

„We can foresee multiple, converging environmental crises caused by our unsustainable consumption. Changing this will be very difficult – environmentally harmful patterns of consumption are deeply ingrained in our society – economically, politically, socially and technically." (Jacqueline McGlade, EEA Executive Director, zit. nach EEA.EUROPA.EU 2013).

So lässt sich festhalten, dass die entstehenden Abfallmengen auf globaler Maßstabsebene weiter anwachsen werden. Wie o.a. gründet sich dies v.a. auf die Einflussfaktoren Bevölkerungswachstum und Konsumverhalten. In den industrialisierten Ländern zeichnet sich für die Zukunft eine stagnierende, bis rückläufige Bevölkerungsentwicklung ab, die jedoch weiterhin mit einem nicht nachhaltigen Konsumismus einhergeht. In den LdS hingegen zeichnet sich eine Entwicklung ab, nach der sowohl die Bevölkerung massiv wächst, und sich weiterhin die Konsummuster den nicht nachhaltigen westlichen „Vorbildern" angleichen. Aus dem Zusammenspiel dieser Faktoren ergibt sich die in Zukunft weiterhin ansteigende Gesamtmenge der weltweit produzierten Abfälle.

So es wie o.a. zu einer Nicht-Erreichung des Primats des Abfallmanagements, namentlich der Vermeidung von Abfällen kommt, wird relevant, die anfallenden Abfallmengen nun in adäquater Weise zu behandeln. Ebenfalls angesprochen wurde, dass es hierbei aufgrund der stark divergierenden Rahmenbedingungen in den unterschiedlichen Regionen der Welt keine Blaupause geben kann. Insbesondere in Bezug auf die LdS setzen die ersten Anstrengungen zur Verbesserung des Status quo bei der Vermeidung der Praktiken von offenem Verbrennen und wilder Deponierung an. Damit ist zunächst der Aufbau, oder die Verbesserung der Müllsammlung verbunden, auf die aufbauen sich dann Ansätze von Recycling etablieren können. Zu den absoluten Abfallmengen korrespondierend werden künftig auch die Kosten des Abfallmanagements anwachsen. Die Weltbank gibt dazu folgende Schätzung für das Jahr 2025 ab:

Estimated Solid Waste Management Costs 2010 and 2025

Country Income Group	2010 Cost[6]	2025 Cost
Low Income Countries[7]	$1.5 billion	$7.7 billion
Lower Middle Income Countries[8]	$20.1 billion	$84.1 billion
Upper Middle Income Countries[9]	$24.5 billion	$63.5 billion
High Income Countries[10]	$159.3 billion	$220.2 billion
Total Global Cost (US$)	$205.4 billion	$375 billion

Abbildung 12 Geschätzte Entwicklung der Kosten des Abfallmanagements bis 2025 nach Ländergruppen. Quelle: worldbank.org (2013)

Die in dieser Arbeit betrachteten Industrieländer sind hier tendenziell den *High Income Countries* und die LdS tendenziell v.a. den *Low*, sowie *Lower Middle Income Countries* zuzuordnen.

Da bereits mehrfach angesprochen wurde, dass das ultimative Ziel des Abfallmanagements nicht erreicht werden wird, kann dieser Umstand als negatives Zwischenfazit angeführt werden. Trotzdem ist es wichtig, darauf hinzuweisen, dass sich aus den steigenden Abfallmengen im Rahmen der wachsenden sogenannten *Green Economy*, zu der auch die Abfallwirtschaft zählt, enorme wirtschaftliche Chancen ergeben. Denn gerade vor dem Hintergrund, sich diversifizierender Abfallströme, insbesondere in den LdS einerseits, sowie dem Versiegen diverser Primärressourcen andererseits, werden künftig die Anreize v.a. für stoffliches Recycling immer weiter anwachsen.

3.3 Spezifische Problemlagen der Länder des Südens

Die spezifische Problemlage in Bezug auf das Abfallmanagement in den LdS soll im hier folgenden Teil exemplarisch anhand des afrikanischen Kontinents, sowie einiger Länderbeispiele veranschaulicht werden. Begonnen werden soll die Betrachtung mit dem Phänomen des (illegalen) Exports von Elektroschrott in die LdS.

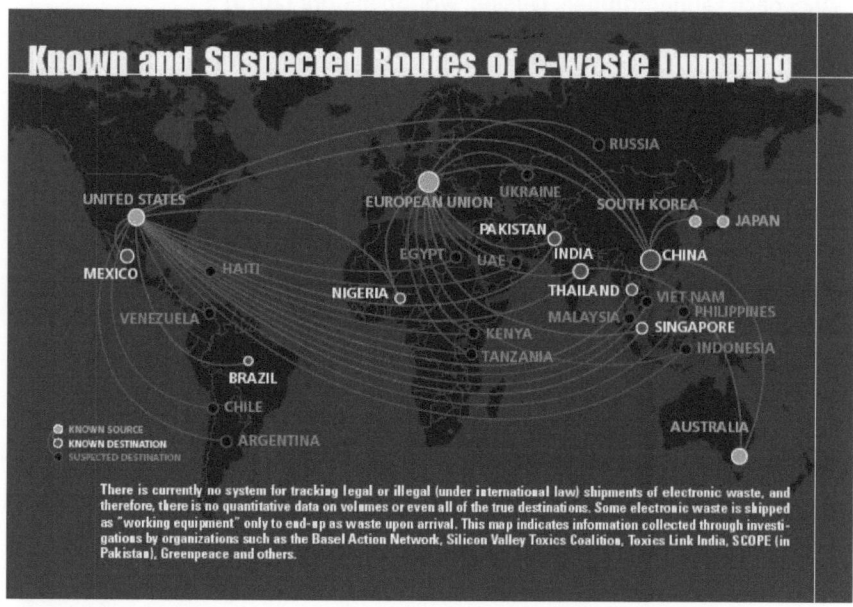

Abbildung 13 Weltweiter Export/Import von Elektroschrott. Quelle: oafrica.com (2013)

Das Besondere an diesem Beispiel besteht darin, dass in Anlehnung an die Definition im Einleitungsteil dieses Werks hier aufgezeigt werden kann, wie sich ein Akteur (hier vereinfacht: Industrieländer) eines Stoffes (hier: Elektroschrott) entledigen möchte, da er hierfür keine Verwendung mehr hat, ihm also keinen Wert mehr zuspricht. Ein anderer Akteur (hier vereinfacht: LdS) sieht in diesem Stoff zwar nicht zwangsläufig an sich einen Wert, in der Praxis lässt er sich den Import dessen jedoch bezahlen, wodurch ein Anreiz besteht, diesen Stoff aufzunehmen. In der Praxis ist derweil problematisch, dass die negativen Kosten in Bezug auf Umwelt und menschliche Gesundheit hier von den illegale Praktiken betreibenden Akteuren externalisiert werden. Sprich die relevanten Entscheidungsträger innerhalb der LdS profitieren von Finanzzahlungen, wälzen gleichzeitig jedoch die negativen Auswirkungen auf andere Akteure (tendenziell die machtlosen Akteure innerhalb der Gesellschaft, bzw. die Allgemeinheit insgesamt) ab. Diese, sowie Flora und Fauna haben nun unter den negativen Konsequenzen zu leiden.

Ein wichtiger Ansatzpunkt um den beschriebenen Missständen entgegenzuwirken kann anhand der Gesetzgebung der jüngeren Vergangenheit am Beispiel der EU aufgezeigt werden. So erließ die EU im Jahr 2003 die *Waste of Electrical and Electronic Equipment*, kurz WEEE Direktive, die kurzum das Ziel anstrebt die als Abfall anfallenden E-Geräte zu reduzieren, sowie deren Verwertung zu verbessern. Die für dieses Kapitel relevante Neuerung entstammt nun einer vom Europäischen Parlament Anfang 2012 durchgeführten Novellierung dieser Richtlinie. Denn in Bezug auf das in den vorangegangenen Jahren immer weiter anwachsende Phänomen von illegalem Export ausrangierter E-Geräte, wurde nun beschlossen, dass die „Exporteure von Altgeräten […] künftig im Sinne einer *Beweislastumkehr* nachweisen [müssen], dass es sich um gebrauchsfähige Geräte beziehungsweise Produkte handelt und nicht um Abfall" (IHK Ulm 2015, eigene Hervorhebung). Die hier zitierte Beweislastumkehr hat erhebliche Auswirkungen auf die praktische Ausgestaltung und insbesondere den damit verbundenen Kontrollaufwand, für die durchführenden Akteure. Denn zuvor mussten die Kontrolleure dem Exporteur nachweisen können, dass es sich bei den kontrollierten Waren tatsächlich um E-Schrott, anstatt funktionierender E-Geräte handelt, um einen Export zu verhindern und den Versuch dessen zu bestrafen. Dies ging mit einem erheblichen Aufwand einher. Die Umkehrung der Beweislast bedeutet nun, dass es nunmehr dem Exporteur obliegt, sicherzustellen, dass er im Falle einer Kontrolle nachweisen kann, dass die zu exportierenden Geräte funktionstüchtig sind und daher nicht als Abfall, sondern als Handelsgut klassifiziert werden können. Zwar werden seitens Handelstreibender Akteure der erhöhte bürokratische Aufwand, sowie das Fehlen von Regelungen für Klein(st)mengen kritisiert (ebd.), jedoch darf die Novellierung aus Umweltgesichtspunkten als begrüssenswert erachtet werden, da sie das Potential hat, die vom Gesetzgeber als kritikwürdig eingestuften, vergangenen Entwicklungen im Bereich des Exports von E-Schrott einzudämmen.

Da Elektroschrott jedoch nur eine bestimmte Komponente Abfall ausmacht und wie bereits herausgearbeitet, andere Abfallfraktionen, wie Siedlungsabfälle mengenmäßig deutlich größer ausfallen, soll im Weiteren der Blick darauf gelenkt werden.

3.3.1 Problemlagen und deren Ursachen

Die für die LdS allgemein geltenden Einflussfaktoren sollen hier exemplarisch anhand Subsahara Afrika SSA dargestellt werden.
Die beiden o.a. Mega-Trends von Bevölkerungswachstum und Konsumverhalten sind auch im Falle SSAs relevant.
In Bezug auf den ersten Punkt ist dabei jedoch der Hinweis wichtig, dass das afrikanische Gesamt-Bevölkerungswachstum einhergeht mit einem massiven Wachstum städtischer Bevölkerung. Konkret bedeutet dies, dass der allgemeine Trend eines hohen Bevölkerungswachstums mit einen massiven Urbanisierungtrend einhergeht. Das Wachstum der Städte gründet sich sowohl auf endogenes Stadtwachstum, d.h. hohe Geburtenraten innerhalb der städtischen Gesellschaft, wie auch auf Migrationsprozesse, insbesondere Arbeitsmigration.
Dies trifft sowohl auf die verstärkt im Fokus der Öffentlichkeit stehenden Mega-Cities, als auch die oftmals wenig betrachteten Mittel- und Kleinstädte zu.

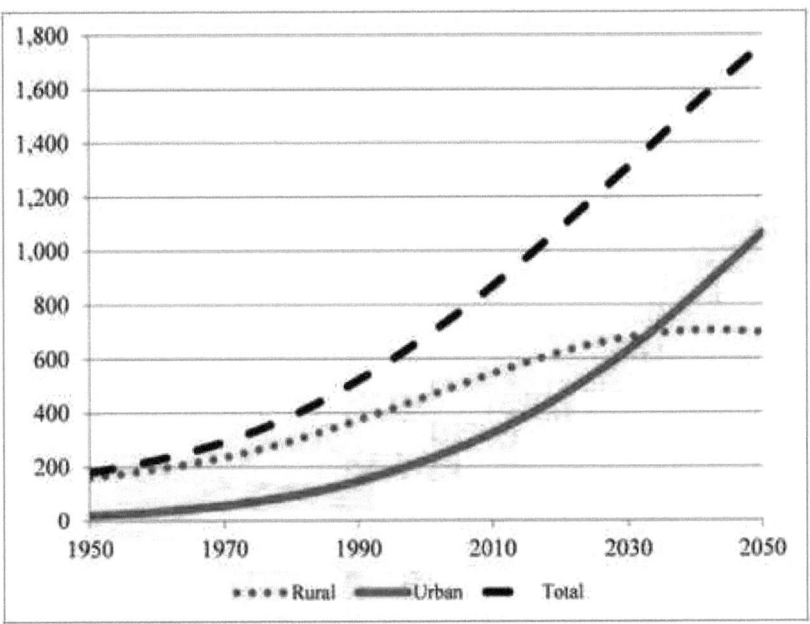

Abbildung 14 Die ländliche und städtische Bevölkerung Afrikas in Millionen Menschen. Quelle: FARA-AFRICA.ORG (2013), zit. nach WORDPRESS.COM (2015)

Bereits heute leben in SSA 910 Millionen Einwohner (WORLDBANK.ORG, 2013). Bis zum Jahr 2036 wird sich die afrikanische Bevölkerung noch einmal verdoppeln (WORLDBANK.ORG, 2013). In diesem Kontext ist nun darauf hinzuweisen, dass das Wachstum geographisch verteilt unterschiedlich ausfällt. In den Städten ist im Vergleich zum ländlichen Raum generell ein höheres Wachstum auszumachen. Dieses Wachstum gründet sich einerseits auf demographische Faktoren, wie auch andererseits auf ländlich-städtische Migration. Rückblickend bedeutet diese Entwicklung eine fundamentale Transformation innerhalb der afrikanischen Gesellschaft. Noch Mitte des letzten Jahrhunderts lebten über 85 Prozent der afrikanischen Bevölkerung im ländlichen Raum (JAPAN INTERNATIONAL COOPERATION AGENCY, 2013). Aus dem Zusammenspiel der massiv gewachsenen Stadtbevölkerung, der

Übernahme westlicher Konsummuster, sowie der geringen wirtschaftlichen Entwicklung der meisten afrikanischen Staaten ergibt sich eine Situation, in der sowohl die Mega-, als auch die Mittel- und Kleinstädte v.a. aufgrund der limitierten finanziellen Ressourcen mit dem Ausbau der benötigten Infrastruktur, sowie dem hiermit verbundenen Abfallmanagement nicht hinterher kommen. Deshalb sind die o.a. Praktiken des Vergrabens und Verbrennens, sowie das Aufkommen wilder Müllkippen flächendeckend weit verbreitet. Besonders wichtig ist zum Verständnis, warum das Abfallmanagement in den meisten Städten Afrikas wenig zufriedenstellend funktioniert, der Hinweis, dass die Abfallmanagement-Infrastruktur innerhalb des Urban Managements wie in Abbildung 15 zu sehen, nur eine von vielen Aufgaben der Stadtverwaltung darstellt:

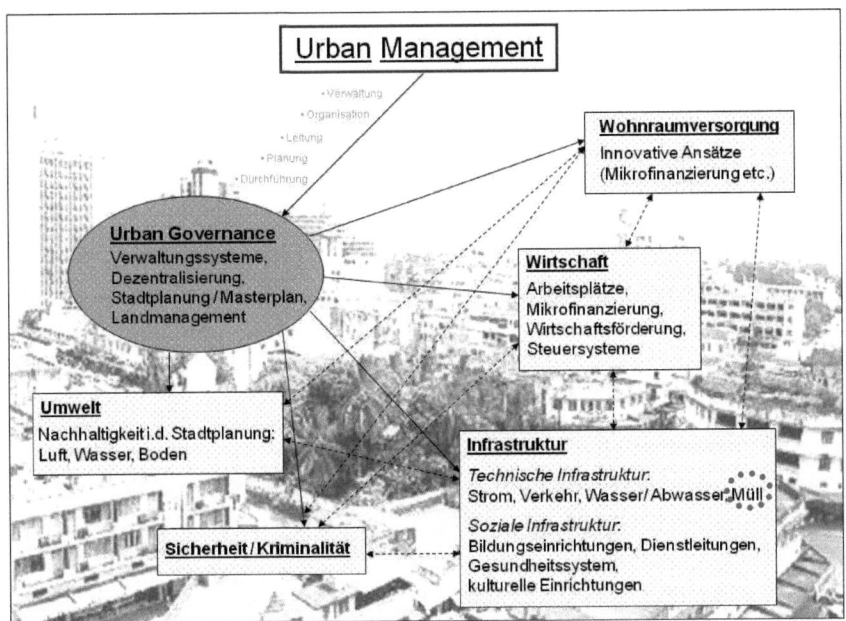

Abbildung 15 Die Positionierung des Abfallmanagements innerhalb des Urban Managements und der Urban Governance, Eigene Hervorhebung. Quelle: Lohnert (undatiert)

Man bedenke darüber hinaus, dass in der Graphik zwar offensichtlich auffällt, dass das Abfallmanagement nur eine Komponente von vielen ist, welchen sich die lokalen Autoritäten zu widmen haben. Die Situation des Abfallmanagements verschärft sich jedoch im Regelfall dadurch, dass es in der Konkurrenz um Budgetzuweisungen der jeweilig zuständigen Verwaltung im Vergleich zu anderen Feldern eine tendenziell sehr schwach ausgeprägte Wertschätzung erfährt. Insbesondere im Bereich der technischen Infrastrukturverwaltung der Urban Governance, haben bspw. Bereiche wie Straßenbau, Elektrifizierung, etc. erfahrungsgemäß eine deutlich stärker ausgeprägte Lobby. Dem Abfallmanagement wird hier in der Praxis oft zum Verhängnis, das seitens der Bevölkerung andere Infrastrukturprojekte und –investitionen eher legitimiert werden, als solche in die Infrastruktur des Abfallmanagements, da der unmittelbare Nutzen von Straßenbau etc. vom Bürger als direkter wahrnehmbar erfahren wird, als ein funktionierendes Abfallmanagement.

So fasst die Japanische Entwicklungsagentur als Resultat dessen passend zusammen:

> *„With a city in need of so much in so many areas, waste [management] is not a high priority."*
> (JAPAN INTERNATIONAL COOPERATION AGENCY, 2013)

3.3.2 Lösungsansätze und Best-Practices

Nichtsdestotrotz ist das Abfallmanagement in seiner Bedeutsamkeit nicht zu unterschätzen.

Empirisch sind besonders gute Erfahrungen mit der Schaffung eines grundlegenden gesetzlichen Rahmens, sowie darauf aufbauender Strategien gemacht worden (UNITED NATIONS ECONOMIC AND SOCIAL COUNCIL, 2009: 3). Natürlich spielen zu einem Gelingen der Vorgaben die Durchsetzbarkeit der Regelungen eine entscheidende Rolle. Etwaige Verstöße von Akteuren müssen dabei effektiv sanktioniert werden, um unerwünschtes Verhalten künftig zu unterbinden.

> *„Waste and its management is arguably the most crucial environmental challenge facing all African states and therefore the need for sustainable waste management approaches cannot be over emphasized."*
> (Dr. Akanimo Odon, zit. nach VIBEGHANA.COM 2015)

Ebenfalls wird die Einführung des sogenannten Verursacherprinzips (*polluter pays*) als positiv hervorgehoben (ebd.). In diesem Konzept muss der Verursacher eines bestimmten Abfallproduktes auch für dessen angemessene Entsorgung aufkommen. In Deutschland geschieht dies bspw. über die Mechanismen des Dualen Systems (DSD) und den „grünen Punkt". Beim Kauf der Ware wird vom Konsumenten bereits anteilig für die Entsorgung bezahlt. Doch die Etablierung eines solchen Systems gestaltet sich in der Praxis der LdS oftmals schwierig. Explizit als Best-Practices werden in Bezug auf afrikanische Länder die Nutzung organischer Abfälle (sowohl aus Siedlungs- als auch Landwirtschaftsabfällen), zur Kompostierung, Herstellung von Biogas, wie auch zur Energiegewinnung erwähnt (ebd.).

Da die Stadtverwaltungen offensichtlich die sich ergebenden Herausforderungen v.a. aufgrund limitierter Finanzmittel schwerlich bewältigen können wird ebenfalls auf die Bedeutung der Etablierung von *Public Private Partnerships* verwiesen. Den Herausforderungen könne nur mithilfe des Engagements des Privatsektors begegnet werden (ebd. 7).

> *„The scale of necessary investments for proper sanitation and environmentally sound management of wastes is beyond the scope of African countries"*
> (UNITED NATIONS ECONOMIC AND SOCIAL COUNCIL, 2009: 5)

Wie weiter oben erläutert muss kurz-, bis mittelfristig auf die Nutzung von aus technischer Sicht, *second best*-Lösungen, wie bspw. den *Best Available Techniques Not Entailing Excessive Cost* (s. Kap. 1.2) zurückgegriffen werden (UNITED NATIONS ECONOMIC AND SOCIAL COUNCIL, 2009: 14). Der Fokus muss also zunächst auf dem praktisch-Machbaren und nicht auf dem technisch-theoretisch-Machbaren liegen. Dabei geht es darum realistische Zielvorgaben zu formulieren, welche den technischen und v.a. ökonomischen Realitäten der lokalen Kontexte entsprechen.

Des Weiteren wird darauf verwiesen, dass es zur Realisierung von Verbesserungen im Abfallmanagement der LdS unbedingt der Technischen- und Finanziellen Zusammenarbeit von industrialisierten Ländern und den LdS erfordert (ebd.).

Zum Punkt der Technischen Zusammenarbeit (TZ) sei noch einmal darauf verwiesen, dass es hier ausdrücklich nicht um den Transfer hochtechnisierter Anlagen, oder technischer Infrastruktur allgemein geht, sondern um die Zurverfügungstellung, oder die gemeinsame Entwicklung innovativer Problemlösungsansätze, die den Realitäten vor Ort gerecht werden. Die Anwendbarkeit der Konzepte, sowie technischem Kapital vor Ort muss dabei von den involvierten Akteuren stets im Blick gehalten werden.

4. Fazit und Ausblick

Es ist im Rahmen dieses Werkes erläutert worden, dass in den vorindustriellen Gesellschaften tendenziell weniger mit Abfall zusammenhängende Probleme ausgemacht werden konnten, als in modernen Gesellschaften. Auch in ersteren jedoch kam es mitunter zu verschwenderischen Praktiken und damit einhergehenden anwachsenden Abfallströmen. Ein wichtiger Unterschied zu den modernen Gesellschaften besteht jedoch darin, dass in letzteren ungleich komplexere Abfallströme anfallen. Hervorzuheben ist hier die Kategorie der gefährlichen Abfälle, da von ihnen ein besonderes Gefährdungspotential für Mensch und Umwelt ausgeht.

Im Vergleich von Industrieländern und den LdS ist festzuhalten, dass die Gesellschaften der LdS in Bezug auf Konsummuster und den damit verbundenen, negativen Implikationen für das Abfallmanagement eine Art „nachholende Entwicklung" vollziehen. Da diese Entwicklung einhergeht mit steigenden Bevölkerungszahlen und Verstädterungsprozessen, ergibt sich daraus eine immer weiter ansteigende Dringlichkeit, Lösungen für die sich stellenden Herausforderungen zu finden.

Es bleibt zu hoffen, dass die Akteure in den LdS einerseits mithilfe der industrialisierten Länder, durch Finanzielle und Technische Zusammenarbeit, sowie andererseits der Erarbeitung und Implementierung lokal angepasster Lösungsansätze eigeninitiativ eine zufriedenstellende Antwort auf die in diesem Werk beschriebenen Entwicklungen zu geben in der Lage sind.

Literatur- und Quellenverzeichnis

AHA REGION – EINFACH. ALLES. SAUBER. (2013): Abfall früher und heute: Zur Geschichte des Mülls.
http://www.aha-region.de/163.html (Stand: 27.09.2013)

ANSCHÜTZ, JUSTINE UND VAN DER KLUNDERT, ARNOLD. HRSG. (2001): Integrated Sustainable Waste Management - the Concept.
Erschienen in: WASTE, 2001.

ARBEITSGEMEINSCHAFT ABFALLBERATUNG UNTERFRANKEN (1998): Katalog zur Ausstellung: Über den ewigen Kampf gegen den Müll.

BUNDESMINISTERIUM FÜR UMWELT, NATURSCHUTZ, BAU UND REAKTORSICHERHEIT (BMUB) (2012): Abfallwirtschaft in Deutschland 2013 – Fakten, Daten, Grafiken.

BUNDESMINISTERIUM FÜR UMWELT, NATURSCHUTZ, BAU UND REAKTORSICHERHEIT (BMUB) (2008): Richtlinie 2008/98/EG des europäischen Parlaments und des Rates über Abfälle und zur Aufhebung bestimmter Richtlinien.
http://www.bmu.de/service/publikationen/downloads/details/artikel/richtli nie-200898eg-des-europaeischen-parlaments-und-des-rates-ueber-abfaelle-und-zur-aufhebung-bestimmter-richtlinien/ (Stand: 27.09.2013).

DUDEN (2013): Abfall – Definition.
http://www.duden.de/rechtschreibung/Abfall#Bedeutung1 (Stand: 24.09.2013)

ENVIRONMENTALCHEMISTRY.COM (2013): The History of Waste.
http://www.environmentalchemistry.com/yogi/environmental/wastehistory.ht ml (Stand: 25.09.2013)

ENVIRONMENTALISTSEVERYDAY.ORG (2013): History of Solid Waste Management.
http://www.environmentalistseveryday.org/publications-solid-waste-industry-research/information/history-of-solid-waste-management/index.php (Stand: 23.09.2013)

EUROPEAN ENVIRONMENT AGENCY (2013): European consumption still highly unsustainable, despite efficiency gains.

http://www.eea.europa.eu/highlights/european-demand-for-goods-and-1
(Stand: 25.09.2013)

EUROPEAN ENVIRONMENT AGENCY (2013): EU exporting more waste, including hazardous waste.
http://www.eea.europa.eu/highlights/eu-exporting-more-waste-including
(Stand: 25.09.2013)

EUROPEAN ENVIRONMENT AGENCY (2013): EU – Höchste Recyclingraten in Österreich und Deutschland.
http://www.eea.europa.eu/de/pressroom/newsreleases/hoechste-recyclingraten-in-oesterreich-und
(Stand: 25.09.2013)

INDUSTRIE UND HANDELSKAMMER ULM (2015): Änderungen zum Elektro- und Elektronik-Abfall (WEEE-Novelle).
http://www.ulm.ihk24.de/Inno_und_Umwelt_neu/umwelt/Kreislaufwirtsch
aft/1800262/Aenderungen_zum_Elektro_und_Elektronik_Abfall_WEEE_Nov
elle.html (Stand: 06.01.2015)

JAPAN INTERNATIONAL COOPERATION AGENCY (2013): Dealing With Africa's Waste.
http://www.jica.go.jp/english/news/field/2012/20120409_01.html (Stand: 26.09.2013)

MUZENDA, EDISON ET AL. (2012): Waste Management, Strategies and Situation in South Africa: An Overview. Erschienen in: World Academy of Science, Engineering and Technology 68, 2012.

NEWSCIENTIST (2013): Packaging Waste.
http://www.newscientist.com/blog/environment/2007/03/packaging-waste-facts-and-figures.html (Stand: 25.09.2013)

OAFRICA.COM (2013): E-Waste.
http://www.oafrica.com/education/e-waste/ (Stand: 26.09.2013)

ODON, AKANIMO UND HERBERT, BEN (2013): Sustainable Waste Management – The African Siuation and the Need for Simple Interventions.
http://vibeghana.com/2013/01/25/sustainable-waste-management-the-african-situation-and-the-need-for-simple-interventions/ (Stand: 26.09.2013)

PLANET-WISSEN.DE (2013): Müllentsorgung.

http://www.planet-wissen.de/alltag_gesundheit/muell/muellentsorgung/index.jsp (Stand: 23.09.2013)

PRODUCTPOLICY INSTITUTE (2013): History of Waste.
http://www.productpolicy.org/content/histoty-waste (Stand: 25.09.2013)

PROPARCO GROUPE AGENCE FRANCAISE DE DEVELOPPEMENT (2013): Waste – The Challenges Facing Developping Countries.
http://www.proparco.fr/lang/en/Accueil_PROPARCO/Publications-Proparco/secteur-prive-et-developpement/Les-derniers-numeros/Issue-15-waste?engineName=search&requestedCategories=secteur_prive_developpem ent_d%C3%A9chets (Stand: 25.09.2013)

UNITED KINGDOM DEPARTMENT FOR ENVIRONMENT FOOD & RURAL AFFAIRS (2015): BAT, BATNEEC, BPEO and BPM.
http://adlib.everysite.co.uk/adlib/defra/content.aspx?doc=95392&id=9543 8 (Stand: 07.01.2015)

UNITED NATIONS ECONOMIC AND SOCIAL COUNCIL, (2009): Africa review report on waste management.

UNITED NATIONS ENVIRONMENT PROGRAMME, (2015): Basel Convention on the Control of Transboundary Movements of Hazardous Wastes and their Disposal.
http://www.basel.int/Portals/4/Basel%20Convention/docs/text/BaselConve ntionText-e.pdf (Stand: 07.01.2015)

VIBEGHANA.COM (2009): Odon: Sustainable Waste Management – The African Situation and the Need for Simple Interventions.
http://vibeghana.com/2013/01/25/sustainable-waste-management-the-african-situation-and-the-need-for-simple-interventions/ (Stand: 07.01.2015)

WASTE.NL – ADVISERS ON URBAN ENVIRONMENT AND DEVELOPMENT (2013): Projekte – Integrated Sustainable Solid Waste Management.
http://www.waste.nl/en/project/uwep (Stand: 27.09.2013).

WILSON, DAVID (2006): History of Waste Management.
http://www.davidcwilson.com/index.php?option=com_content&task=view &id=68Itemid=8 (Stand: 27.09.2013).

Worldbank Group (2013): Africa's population set to double by 2036
http://web.worldbank.org/WBSITE/EXTERNAL/COUNTRIES/AFRICAEXT/0,,conte
ntmDK:21709116~menuPK:258659~pagePK:2865106~piPK:2865128~theSitePK
:258644,00.html (Stand: 26.09.2013)

Worldbank Group (2013): Data – Subsaharan Africa
http://data.worldbank.org/region/SSA (Stand: 26.09.2013)

Bilder und Graphiken:

Acedisposal (2013): The History of Garbage Collection.
http://www.acedisposal.com/images/history/history5.jpg (Stand: 24.09.2013)

A.R.T. Zweckverband Abfallwirtschaft im Raum Trier (2013): Rechtliche
Grundlagen der Abfallwirtschaft. http://www.art-trier.de/cgi-
bin/cms?_SID=xxx&_bereich=artikel&_aktion=detail&idartikel=111213 (Stand:
27.09.2013)

European Environment Agency (2013): European MSW-Recycling rates.
http://www.eea.europa.eu/data-and-maps/figures/municipal-waste-
recycling-rates-in (Stand: 26.09.2013)

Forum for Agricultural Research in Africa – The Fara AASW Blog (2013):
Urbanisation and Population Growth.
http://aasw6.wordpress.com/2013/07/15/africa-feed-africa-why-does-
african-higher-education-need-reform/ (Stand: 28.09.2013)

Geohive.com (2013): Daten zur Weltbevölkerung.
http://www.geohive.com/earth/population_now.aspx (Stand: 28.09.2013)

Intergovernmental Panel on Climate Change (IPCC) (2015): Annual rates of
post-consumer waste generation 1971–2002.
http://www.ipcc.ch/publications_and_data/ar4/wg3/en/fig/figure-10-3-l.png
(Stand: 08.01.2015)

Lohnert, Beate (undatiert): Urban Management.

University of Wisconsin (2015): Globales Bevölkerungswachstum.

http://pages.uwc.edu/keith.montgomery/Demotrans/demtra1.jpg
(Stand: 08.01.2015)

WORDPRESS.COM (2015): FARA Africa Agriculture Science Week: Projected urban and rural population growth rates in Africa, from 1950 to 2050. https://aasw6.files.wordpress.com/2013/07/figure-1.jpg (Stand: 06.01.2015)

WORLDBANK GROUP (2013): Urban Development – A Global Review of Solid Waste Management. http://web.worldbank.org/WBSITE/EXTERNAL/TOPICS/EXTURBANDEVELOP MENT/0,,contentMDK:23172887~pagePK:210058~piPK:210062~theSitePK:3 37178,00.html (Stand: 26.09.2013)

Anhang

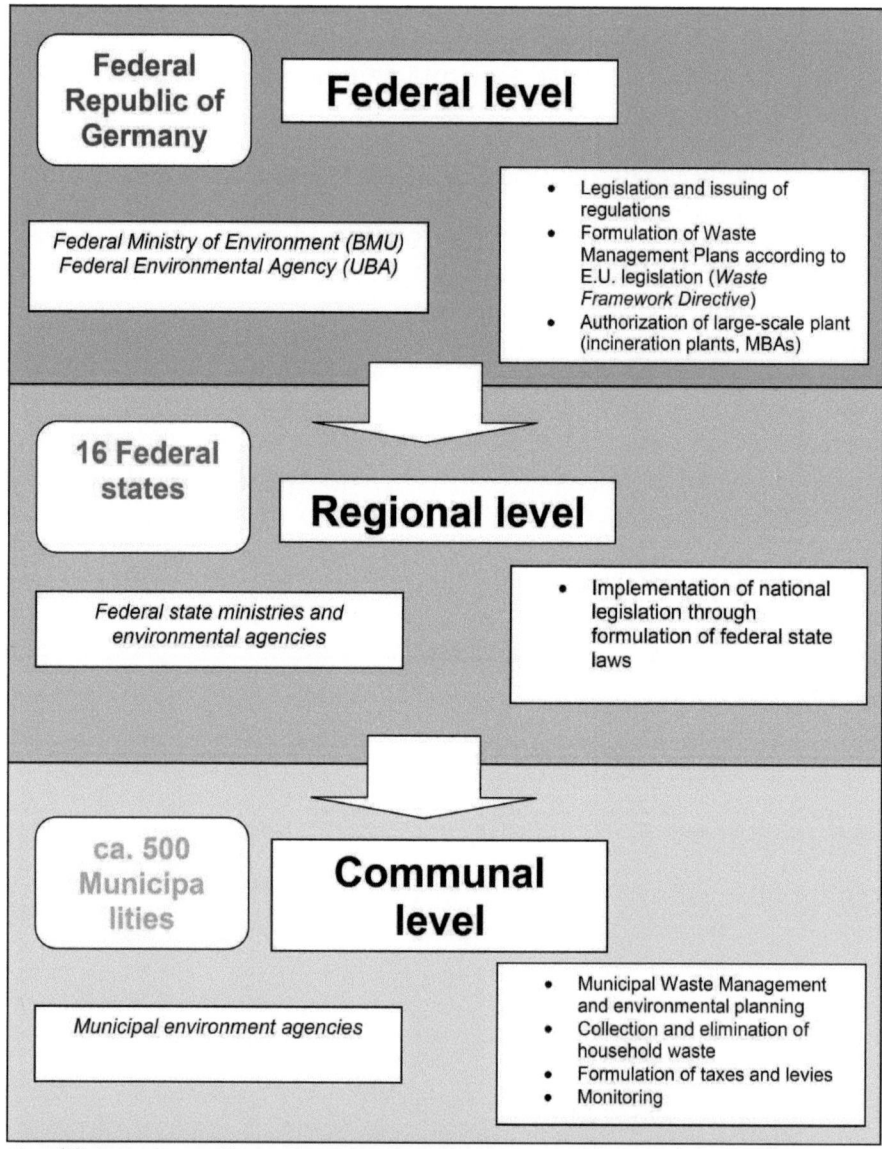

Simplifizierte Darstellung des subsidiarisch strukturierten, institutionellen Rahmens der staatlichen Akteure im Kontext der Abfallwirtschaft in der BRD, eigene Darstellung 2015.